Apprendre la Gestion des Risques à travers le Cinéma Français

フランス映画に学ぶ
リスクマネジメント

人生の岐路と決断

亀井克之・杉原賢彦［著］

ミネルヴァ書房

コンゴ沖の海でマヌーとローランが宝探しの潜水中，ひそかに乗り込んできた男（セルジュ・レジアニ）がレティシア（ジョアンナ・シムカス）の背後に迫る。リスクとチャンスが同時にもたらされた瞬間。

（第5章　リスクテーキング『冒険者たち』より）

（“Les aventuriers” photographie de plateau de Georges Pierre © Laurence Pierre de Geyer, coll. La Cinémathèque française）

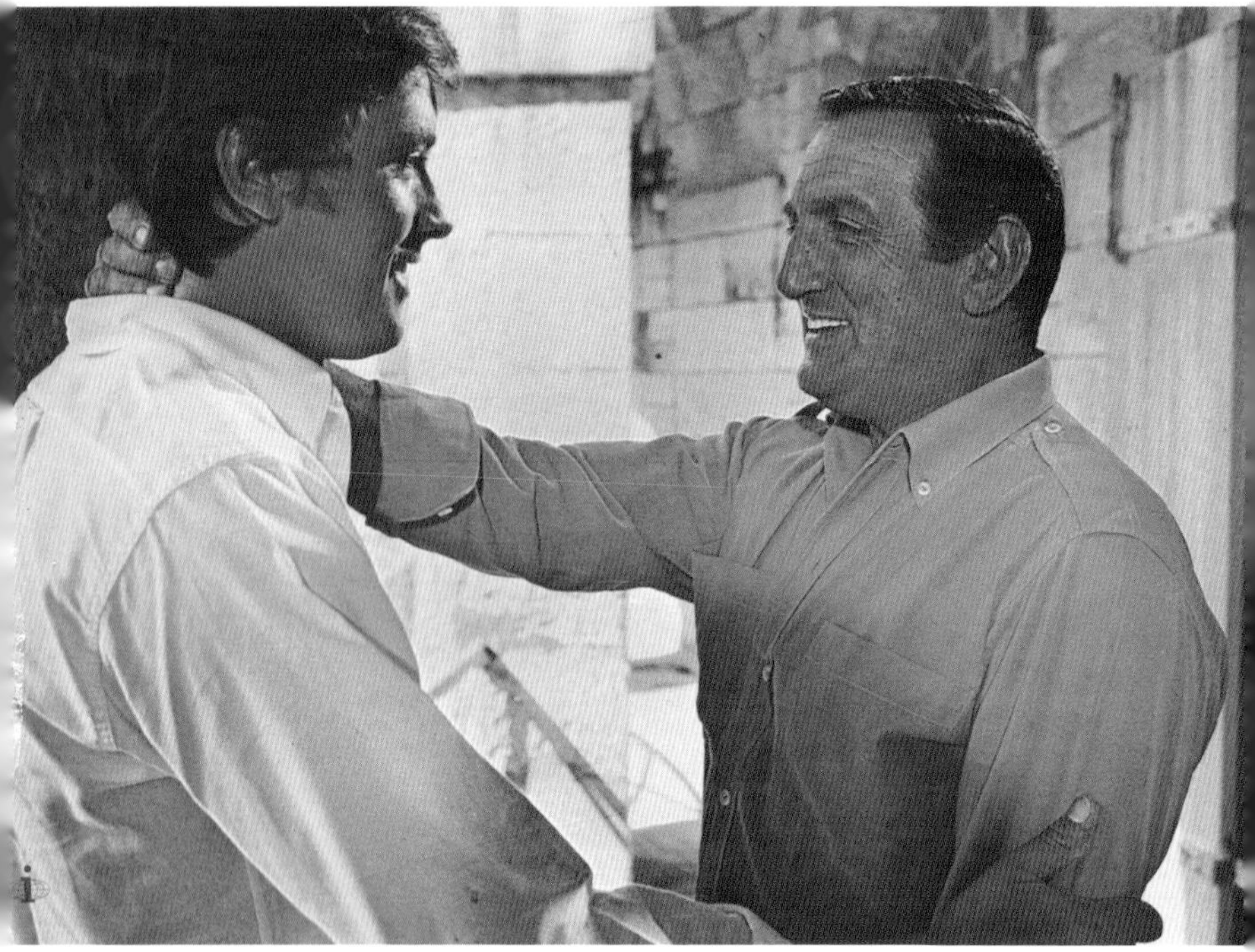

ローラン（リノ・ヴァンチュラ）とマヌー（アラン・ドロン）はラ・ロシェルの沖合に浮かぶ要塞島フォール・ボワイヤールで再会する。レティシアの夢を受け継ぎ，ローランはこの砦を購入してレストランに改造する計画を語る。しかし事態は思わぬ方向に……。

（第５章　リスクテーキング『冒険者たち』より）

（“Les aventuriers” photographie de plateau de Georges Pierre © Laurence Pierre de Geyer, coll. La Cinémathèque française）

まえがき

映画は、あらゆる危険と隣り合わせだ。

危険——英語で言えばリスクは、映画にはつきものと言っても過言ではない。

撮影に入る前から、それはもう始まっている。誰が出資してくれるのか、主人公は誰は演じるのか（それだけで出資者の顔ぶれも予算規模も変わってしまい、最終的な興行収入が変わってくる可能性すら潜在している）、撮影中に事故は起きないだろうか、予算超過になりはしないだろうか……等々、映画の現場は毎日がリスク＝危険と背中合わせに進む。

当然、そのなかで語られる物語にも危機が満載。危機＝クライシスなくして物語は始まらない。映画草創期に大ヒットした映画のタイトルからして、「〜の危難」や「〜の危機」といった文字が躍っていたものだった。主人公に忍び寄る危機とそこからの脱出をどう見せるか、ハラハラ・ドキドキの連続は、それこそ映画の醍醐味というもの。だからこそ、「五分に一度のスリル」や「危機また危機」「冒険また冒険」その他もろもろの惹句が、映画ポスターに躍ってきたのだった。

映画とは、危険と危機なくしては成り立たない！　リスクとクライシスは、映画に極上の味つけと、至福のカタルシスをもたらしてくれる最大の構成要素であり滋養なのだ。他愛もない恋愛物語ですら、当の本人にとっては生きるか死ぬかの分かれ道……そんな経験を、誰でも一度くらいはしているのではないだろうか。

そう、人は危機に向かい合ったとき、危険に身をさらしたとき、初めてなにかを得ることができるのかもしれない。いや、なにかを得たという実感はなくとも、そのときにこそ人生の不可思議と深さを知るのではないだろうか。

人生、すなわち人の生きざまを知るのに、映画ほど恰好のものはない。「C'est la vie（それが人生っていうものさ）」や「chacun a ses raisons（人間、誰しも理由がある）」といった箴言めいたセリフが主人公たちの人生の曲がり角につぶやかれてきたように、わけてもフランス映画は、人生っていうやつと、それにつきものの危機と危険をさりげなく、しかし心に深く染みわたる作品として紡いできた。

これからご覧いただく（お読みいただく）のは、まさに人生そのものがかかった危機と危険の映画の物語だ。これらは、しかし、スクリーンのなかだけに存在しているわけではけっして、ない！　作品のなかで、あるいは撮影の現場で、主人公が、あるいは映画のクルーたちが、どのように立ち向かったのか――。それらを知ること、それらを体感することは、わたしたち自身の人生にも還元しうるものだ。危険のない映画なんて、まして危機のない人生なんて……。

リスクもクライシスも、乗り越えるヒントは映画にある！

末尾になったが、危機と危険がいっぱい（?）の、本書執筆の冒険へと文字どおり誘ってくれた三〇年来の畏友、亀井克之さんに最大感謝。映画（とフランス文学）が専門という者にとって、リスクマネジメントという視点から映画を眺めてみるという発想は出ることなどなかった。自身にとってまさにこの冒険は、映画を新たな視点から発見するきっかけにもなった。

さあ、ここからはみなさんの番だ！

危機と危険を友として、Bon voyage《よい旅を》!

二〇二二年一月

杉原賢彦

フランス映画に学ぶリスクマネジメント——人生の岐路と決断

目次

コラム

序章

なぜ映画で危機管理？

Pourquoi la gestion de crise à travers les films?

『水を撒かれた散水夫』（*L'Arroseur arrosé*）
監督　リュミエール兄弟（Frères Lumière）
1895年　フランス　49秒

映画の始まりに

映画の始まりは、リュミエール兄弟による作品群の上映から始まる。一八九五年一二月二八日、パリにて。その日、グラン・カフェのインドの間に集った人々の前でお披露目された映画たち――『工場の出口』をはじめとする一〇本あまりのごく短い作品は、一大センセーションをもってその場にいた人々に、さらにはパリっ子たちに広く受け入れられた。一九世紀末、来たるべき新世紀の輝かしい予感を、人々はリュミエール兄弟が発明したシネマトグラフのなかに感じとっていた。

だが、映画の始まりは同時に、人々のまわりにある危機を目に見えるものにする、すなわち、見える化する機能をも合わせ持っていたのだった。しかも、その危機をうまく〈演出〉することによって、そこからさまざまな楽しみを引き出すことが可能になる、それも、かねてより小説がそうしてきたより以上の迫力と力強さと魅力を持ち合わせていることに、人々は気づいてゆくことになる。

そのきっかけをつくったのが、わずか五〇秒ほどのリュミエール兄弟によるこの作品、『水を撒かれた散水夫』だったのだ。ここに描かれているのはたわいもないスキット――水を撒いていた男が、ふと水が出なくなったことに不審を抱き、ホースの先を覗きこむと……――でしかないのだが、あらゆるコメディ映画の萌芽と、あらゆるリスクマネジメントをめぐる始まりを読み取ることができるのではないか。

さて、肝心のリュミエール兄弟と作品について。大学で映画についての講義を履修すると、ほぼ必ず最初に見ることになるのが、彼らの作品だ。ルイ（弟、一八六四～一九四八）とオーギュスト（兄、一八六二〜一九五四）のリュミエール兄弟を経ずして、映画史は語れないからでもある（ちなみに、ちょっとばかし天邪鬼な先生に当たると、スクラダノフスキー兄弟についての話から始められるかもしれないし、発明王エディスンによるキネトスコープの話から始められるかもしれない。が、いずれにしてもリュミエール兄弟に触れずにはすまされない）。ふたりの父親アントワーヌは、画家から写真家へと身を転じ、初期の偉大な写真家ナダールの友人だったことでも知られる。その仕事を弟ルイが手伝うようになり、兄弟で写真技術について改良を行って、評判となっていた。これが一八九〇年代のこと。そんな折、父アントワーヌはエディスンのキネトスコープを一八九四年のある日、目のあたりにして、そのおもしろさと可能性に気づく。そこで彼は、ふたりの息子たちにこれをしのぐ装置の開発を示唆する。

リュミエール兄弟『水を撒かれた散水夫』（1895年）

そして誕生したのが「シネマトグラフ」、のちに「シネマ」と短縮形になって映画そのものを意味するようになる世界最初の映画撮影・上映装置だった。

ふたりの発明品シネマトグラフは、その前身となるさまざまな映画装置の集大成ともいうべきものだが、もっとも重要なポイントは、動画映像を投影し、上映するということ。エディスンのキネトスコープのように、ひとりで楽しむのではなく、同じ場に居合わせた人たちとともに見て楽しむことができるということに尽きる。スクリーンに投影され、拡大された動画映像は、機械のなかを覗き込んで楽しむエディスンのキネトスコープとは根本的な違いを有する。そしてこの相違は、映画の楽しみ方を、さらに映画の演出についてさえも、大きな影響を与えることになってゆくのだ。

そう、危機を楽しむ、それも同じ危機を共有しながら、それをどうとらえるのか、またどんなふうにその危機を乗り越えるのか、それぞれが発見する余地を残しながらも、共通体験として振り返り合えるという効用をもたらしたのだった。

映画のおもしろさの根底に

だが、最初に撮影されたリュミエール兄弟による動画映像は、日常の風景の活写に徹していたのもまた事実だった。先に挙げた『工場の出口』は、リヨンにあったリュミエール家の工場からいましも出てくる（退社しようとしている）人々を写したものだったし、よく知られた『ラ・シオタ駅への列車の到着』は、駅の構内へと蒸気機関車が滑り入ってくる瞬間をとらえた、ただそれだけのものにすぎなかった。もちろん、これらの映像は、後世の映画に対してはかり知れない影響を与えることになってゆくのだが、これらは現在で言うドキュメンタリー映画としてとらえうるものだった。いわば、そこに積極的な作為性、言葉を換えれば、ドラマタイズと呼びうるものはなかったのだった。

ところが、『水を撒かれた散水夫』が示しているのは、その後の映画に欠かすことのできないものとなってゆく、ナラティヴとドラマタイズのもっとも初期の段階における映画的発現なのだ。どういうことなのだろう？

この小編を子細に見てゆくと、明らかに〈演出〉が施されていることに気づく。庭の草花に水を撒いていたおじさんが、突然、水が止まってしまったことから、何事かとホースの先を覗き込む。実はわんぱく小僧のいたずらだというのは、われわれ観客はすでに気づいているのだが、突然、ホース口から噴き出してきた水に驚くおじさんは、一瞬おいて、いたずら小僧の存在に気づき、逃げ出した小僧を追いかけまわす。と、ここまではコントの常套句であり、あっ、やってる、やってる！　といった感想を抱いておしまい。……であるはずなのだが、おもしろいのはこの先。小僧を追いかけて、一緒にカメラのフレームからいったん外に出てしまった散水夫のおじさんが、引っ捕らえたいたずら小僧ともども、ふたたびカメラのフレーム内に立ち入ってきて、小僧をこらしめる。

よくよく考えると、散水夫のおじさんがフレーム中央に戻って来る必要性はまったくないはず。ところが、わざわざカメラの前にいたずら小僧を差し出し、自らが被った被害の原因を明らかにする。同時にここに、原因とその結果の提示という、因果律が示されているわけでもあり、そこにドラマづくりの基本もしのばされている。つまり、綿密に計算された（小さな）危険と、それに対するもっとも納得のゆく対応とが、このわずか一分にも満たない作品のなかに内包されていたものだったのだ！

こうして、物語映画の最初の始まりは、ある危機をどう見せるか、そこからどのようなおもしろさとカタルシスをもたらすことができるのかという試みとして、後世に残る成功を収めたのだった。

これからみなさんに読んで、あるいは見ていただく映画はすべて、この小編の正統な後胤たちだということができる。

さあ、それでは本編の幕を上げよう！ Bonne séance, tout le monde!（みなさん、よい上映を！）

（杉原賢彦）

第1章 リスク

Risque

フュナンビュール座で役者の二大派閥が舞台上で大喧嘩。
役者の半数が辞めてしまった。ピエロ役がいない。
あなたが座長なら経験のないバチストを起用するか？

『天井桟敷の人々』(*Les Enfants du Paradis*)
監督　マルセル・カルネ (Marcel Carné)
出演　ジャン＝ルイ・バロー (バチスト)
　　　アルレッティ (ガランス)
　　　マリア・カザレス (ナタリー)
　　　ピエール・ブラッスール (フレデリック)
　　　マルセル・エラン (ラスネール)
1945年　フランス　190分

フランス封切り1945年３月
フランス国内観客動員数478万714人
パリ観客動員数194万5381人
(*Ciné-Passions Le guide chiffré du cinema en France*, 2012, Dixit)

これぞフランスのエスプリ《精神》！　時代を超えて、響く映画の心意気――作品解説

この映画にあるものを挙げてゆくときりがない。むしろ、この映画にないものを挙げてゆくほうがよっぽどたやすい。そんなふうな気の利いたことのひとつも言いたくなるのが、名匠マルセル・カルネによるこの映画『天井桟敷の人々』だ。

時は一八三〇年とおぼしき時代、パリ最大の歓楽街タンプル大通りがその舞台。種々雑多な人々が行き交うその共通点は、いずれもパリジャン、パリジェンヌであるということ。そう、ここはパリっ子たちの楽天地。いましもいっぱしの伊達男が、人並みでごった返す往来で美女を見初めて声をかける――「微笑んだね、僕を見て笑いかけたね」と。

これぞまさにフランス男なナンパの手口なれど、そんなことには慣れっこな美女は、「嘘おっしゃい」とばかりに言葉のひじ鉄砲をお見舞いさせる。台詞の妙味と活気にあふれるパリ風情も加わって、恋の時代絵巻が、いま始まる……。

流麗な言葉をあやつる洒落男こそ、これから芝居の世界で一旗あげようとしている役者のたまごフレデリック・ルメートル。片や、もの言わぬパントマイムの名優ことバチスト・ドビュローが、ルメートルのよきライヴァルにして、この映画の真の主人公。そして、ふたりにからむ悪漢詩人ピエール＝フランソワ・ラスネールの三人に加えて名花が二輪。さきほど洒落者ルメートルに言葉の肘鉄を

食らわせたガランスに、座長の娘にして一座の花形ナタリーがそろって、悲喜こもごもの物語が綴られてゆく。

「人それぞれに道理がある」というのは、フランス最大の映画監督ジャン・ルノワールが語らせた言葉だが、『天井桟敷の人々』が描くのは、まさにこのそれぞれの道理のぶつかり合いであり、それでも人生は進んでゆくのだという精神だ。フランス人がよく口にする「セ・ラ・ヴィ」（それが人生っていうものさ）という言葉とも共鳴するような、それぞれの生を肯定して、けっして否を唱えなければ誰に詫びることもない態度といえるだろうか。彼ら人物たちにはそれぞれに道理があり、それにしたがって語り、行動し、そして生き抜く。たとえ、それが悲運や不運につながっていようとも、それをただ嘆いてすませるのではなく、その事実を認め、そこから新たななにかを構築しようとする……。そうした精神が、この映画を支えているものなのだ。

そのうえでこの映画を見てみると、より深く作品世界の練り上げられた構成と展開に気づいてもらえるだろう。

マルセル・カルネ監督『天井桟敷の人々』（1945年）

さて、その本編だが、二部構成となっている。第一幕「犯罪大通り」は、当時の一大歓楽街であるタンプル大通りに集い来て、同じフュナンビュール座で僚友にしてライヴァルとなってゆくふたりの役者――ドビュローとルメートルを中心に、艶やかにふたりを魅了してゆくガランスを交えての恋と芝居の駆け引き。ところが、ここにガランスの歓心を買おうとする伯爵が現れる……。

第二幕「白い男」は、第一部からしばらくのち。ガランスは伯爵夫人におさまり、ドビュローは座長の娘ナタリーと結婚していた。一方のルメートルは、フュナンビュール座を飛び出し、あちこちの一座で活躍中。ガランスとドビュローとの愛の残り火はしかし、まだ消えてはおらず、これが第二幕のモティーフとなってゆく……。

それぞれの道理と思惑がからまり合って募り高まる物語の妙はさておき、本作の舞台の「舞台」こそが実は重要なテーマを孕んでいることにお気づき願いたい。往年のタンプル大通りを賑わせていたのは芝居小屋の数々。恋の物語が上演されるまさにその舞台と袖を、秘かに統べる者こそ、プロンプターだ。すなわち、役者たちを台詞忘れという命取りの危険な瞬間から救い出し、次のステップへと導くプロンプターがいてこそ、役者たちも安心して舞台に立てるというもの。

このプロンプター、専門職ではあるものの、演出家たる座長が務めることもよくあること。この映画の真の興味は、人生の妙味を引き出すプロンプターについて考えさせてくれることなのではないか。それぞれが、いま自分のできるかぎりのことに臨もうとして、しかし、さまざまな困難が彼／彼女を襲う。そのとき、その背後でなにが起こっているのか、また起こっていたのか……。だが、人生はそんなことには無関心だ。ふと、立ち止まり、それについて思いを至らす者以外には。

こうした人生の教訓を、ただ言葉で語ろうとしてもけっして響きはしない。どう見せるか、どう心に響かせるか、本作の見どころはその点につきる。

フランス映画史に残る一作である最大の理由は、まさにそこにある。監督マルセル・カルネは、本作のほか、『霧の波止場』『北ホテル』（一九三八）や『悪魔が夜来る』（一九四二）などで知られ、フランス映画の詩的レアリスム時代を代表する映画作家として知られる。詩的レアリスムとは、パリの市井の人々を主人公に据え、彼らの日々日常、つまりは些細な現実から出発して、その心意気、気質を洒脱に詩的に描いた作品群を指すが、一九三〇年代から五〇年にかけ、フランス映画が世界的に認められ、評価を高めていったその最大の功労者でもあった（コラム⑤も参照のこと）。日本のみならず、フランス映画のイメージを、さらにはパリジャン、パリジェンヌたちの瀟洒なイメージを印象づかせたのが、詩的レアリスムの諸作であったのだ。

そしてその屋台骨を支えたのが、軽妙洒脱な台詞であり、それら台詞をもともとの脚本を土台に捻り出す台詞作家たちの存在でもあった。本作でも、「パリの街は好いた者同士には狭い」等々、さまざまな名句が散りばめられており、これらを生んだ台詞作家にして詩人でもあったジャック・プレヴェール最良の仕事といえる。実際、プレヴェールの「言葉」に魅了された映画人は数多く、アニメーターの高畑勲氏は、プレヴェールの代表作〝Paroles〟の全訳詩集『ことばたち』（ぴあ刊）を上梓されていたりするのだが、名句と印象に残るシーンが奇跡的にひとつになって、後世に残る作品が誕生したのだった。

そして最後にもう一点。本作の製作過程にまつわる来歴もまた重要さを秘めている。というのも、フランスが国家的存亡の危機的状況下に撮影された作品だからだ。実際、本作の企画は一九四三年春に遡る。フランスはナチス・ドイツの占領下にあって、フランス人がフランスの精神を謳い上げる映画を撮るなど考えられないという時局。それでも、ナチス・ドイツに心まで占領されてはならじと、監督のマルセル・カルネ、脚本・台詞のジャック・プレヴェール、そしてドビュローを演じた名優ジャン＝ルイ・バローの三人は、ナチスの目が届きにくかったニースに集結し、同年八月より撮影開始。ところが戦禍の影響に加えて資金も底を突き、撮影はしばしば中断する。ようやく、パリ解放に沸き立つなかで、一九四四年六月、撮了へとこぎ着け、翌一九四五年三月、プレミア上映が敢行された。

危険を顧みず、意志を貫き通した本作の製作過程とその実りは、フランス解放の歓びとも重なって、フランス映画史を燦然と飾る作品となったのだった。


（杉原賢彦）

『天井桟敷の人々』に学ぶ

リスクと人間――防ぐ・守る・挑む

『天井桟敷の人々』の冒頭で映し出されるのは、タンプル大通り、通称、犯罪大通りを闊歩する、生き生きとしたパリジャン、パリジェンヌたちの姿だ。このようにのびのびとした日々の幸福を願って私たちは生活している。ところが、人間社会には、さまざまなリスクが存在する。

リスクとは突き詰めれば「損失の可能性」や「事故や災害発生の可能性」だ。Kaplan と Mikes はリスクを三つに分類している。

① 予防すべきリスク（Preventable Risk）：自らのミスで、損失が生じる可能性。例えば、間違い、ミス、ルール違反など。これは自ら注意して発生を「防ぐ」べきリスク。

② 外襲的なリスク（External Risk）：自分の意思とは関わりなく発生した出来事によって損失が生じる可能性。自然災害や政治体制の急変など、自分の力では発生を抑えることはできないが、発生しても損害ができるだけ減るように備える。外襲的なリスクから身を「守る」。

③ 戦略リスク（Strategy Risk）：利益を出すか損失を出すか不確実な場面で、自分の決断で行動を起こし、損失になる可能性。投資や新規事業のように、利益を目指して決断をする場面や、勝負

事において、勝利を目指して、何かに「挑む」場面である。そこには損失の可能性や敗北の可能性がある。リスクを受け入れることで、はじめて私たちは成功や勝利に近づくことができる。こうした場合、リスクを「とる」と言う。これは決断によって自分で作るリスクだ。

人間は生物としての危険予知本能により、リスク発生を「防ぎ」、リスクが発生しても身を「守り」そして、リスクをとって新たなことに「挑み」ながら生きている。私たちの日々の決断は、この三つに集約できると言ってよい。リスクに直面した時の決断こそが人生の醍醐味かもしれない。

『天井桟敷の人々』では、ありとあらゆる人間模様が描かれる。登場人物たちは、人生、仕事、恋愛、……で、何を防ぎ、何を守り、何に挑んだのか。フランス映画史上最高の大作ゆえに、実にさまざまな場面が描かれる。

リスクの3分類

予防すべきリスク（preventable risk）	ミス　ルール違反	防ぐ（prevent）　防災
外襲的リスク（external risk）	自然災害　環境急変	守る（protect）　減災
戦略リスク・投機的リスク（strategy risk）	投資・新規事業の失敗	とる（take）　挑戦

（出所）　Robert S. Kaplan and Anette Mikes, "Managing Risks: A New Framework", *Harvard Business Review*, June 2012 issue.（https://hbr.org/2012/06/managing-risks-a-new-framework）.

リスクの本質――航海

リスクの語源には諸説がある。その一つが、ラテン語の resecare に由来するという説だ。resecare は「暗礁」や「障害物」を意味する。暗礁に乗り上げたり、障害物にぶつかる可能性を受け入れて航海に出なければ、船は目的地には到着しない。積み荷を売って利益を得ることもできない。航海では、暗礁に乗り上げないようにし（防ぐ）、嵐に耐え（守る）、最適の航路を決断する（挑む）わけだ。このように、リスクの語源と本質は「航海」にある。

『天井棧敷の人々』には様々な人物が登場し、様々な人生が描かれる。人生を航海に例えてみよう。私たち一人一人が、人生という「航海」で、リスクに対処する舵取りをしている。

リスクをとる決断

映画冒頭、犯罪大通りに集う人たちの生き生きとした描写が落ち着いて、登場人物を紹介する場面が続く。やがて、本作のストーリー展開の起点となる重要な場面になる。

フュナンビュール座の前では、老役者のアンセルム・ドビュローが客を呼び込む口上を始める。

「さあ、皆さま、お入りください。お金持ちの方は一フランの特等席へ。懐の淋しい方は、四スーの天井棧敷へ……見せ場たっぷりの無言劇！　……全一六景の華麗なる舞台の早変わり！……」。

「……この私も舞台をつとめさせていただきます。……ただし、こやつは（後ろのピエロを指差して）舞台に出ませんから、ご安心ください。……役立たずの愚か者でございます。……こやつは、何と私の息子でございます。（見物客どっと笑う）さあ、これより舞台の幕を開けます。……けちん坊の方々には、無料でこのせがれのバチストを残しておきます」。

こうしてこの日も、父親の口上に合わせて、頭をこづかれ、バチストは野次馬からばかにされていた。野次馬の中には、犯罪詩人ラスネールに連れられたガランスがいた。ラスネールは、バチストを嘲笑するブルジョア風の男に近寄った。ラスネールは背後から中年男の高級懐中時計をすってその場を立ち去る。男は懐中時計がないのに気づき、騒ぎ始める。「ない！　金時計が盗まれた！」。そして隣にいるガランスに疑いをかける。「この女だ、泥棒！」。

騒ぎに警官が駆けつける。「何があったんです」。

ガランス「この方が金時計をなくされて、わたしのせいだと言うの。なぜ？謎よ！」。

警官「……（周囲を見回して）誰か証人はいるか？」。

これが物語の決定的瞬間だった。

「モワ！」（Moi! 僕だ！）。

その場に居合わせた一同は、声がした台の方を見る。声の主はバチストだった。

バチストは「僕が証人だ」「何もかも見てたよ」と言い放つ。そして、ラスネールが金時計を盗むところから、ガランスが疑いをかけられて、中年男が騒ぎ出すまでの一部始終をパントマイムで演じ切る。

バチストの身振り手振りの見事な演技は拍手喝采を浴び、ガランスの潔白は証明される。

「よかった。わたしは自由が大好き」。ガランスは、去り際に、胸にさした一輪のバラの花を台の上のバチストに投げる。バチストは驚きながらバラを受けとめる。

この場面で、勇気を出して、バチストが証人となることを瞬間的に決断したことで、物語が回り始める。ガランスは濡れ衣の危機を脱する。バチストが実はパントマイムの名手であることが明らかになる。これがきっかけで、バチストは、パリでもっとも有名なパントマイム役者への階段を駆け上っていく。一輪のバラの花は、この映画を貫くバチストとガランスの純愛の幕を開ける。同時に、ガランスをめぐる四人の男による恋の鞘当ての出発点になる。バチストに一途な想いを寄せる座長の娘ナタリーにとっては、苦難のきっかけとなる。さらに、この場面は第一部の最後でラスネールが引き起こす殺人沙汰で、ガランスに疑いがかけられる伏線になる*。

＊　台詞は以下を参考にした。ジャック・プレヴェール『天井桟敷の人々』山田宏一訳、新書館、一九八一年。Les Enfatns du Paradis, *L'avant-Scène Cinéma* N° 72–73, janvier 1967.

リスクの要素――リスクは六つの顔を持つ

リスクには次の要素が含まれる。

①　ハザード（hazard）：事故や災害発生に影響する環境や状況

②　エクスポージャー（exposure）：リスクにさらされる人・物

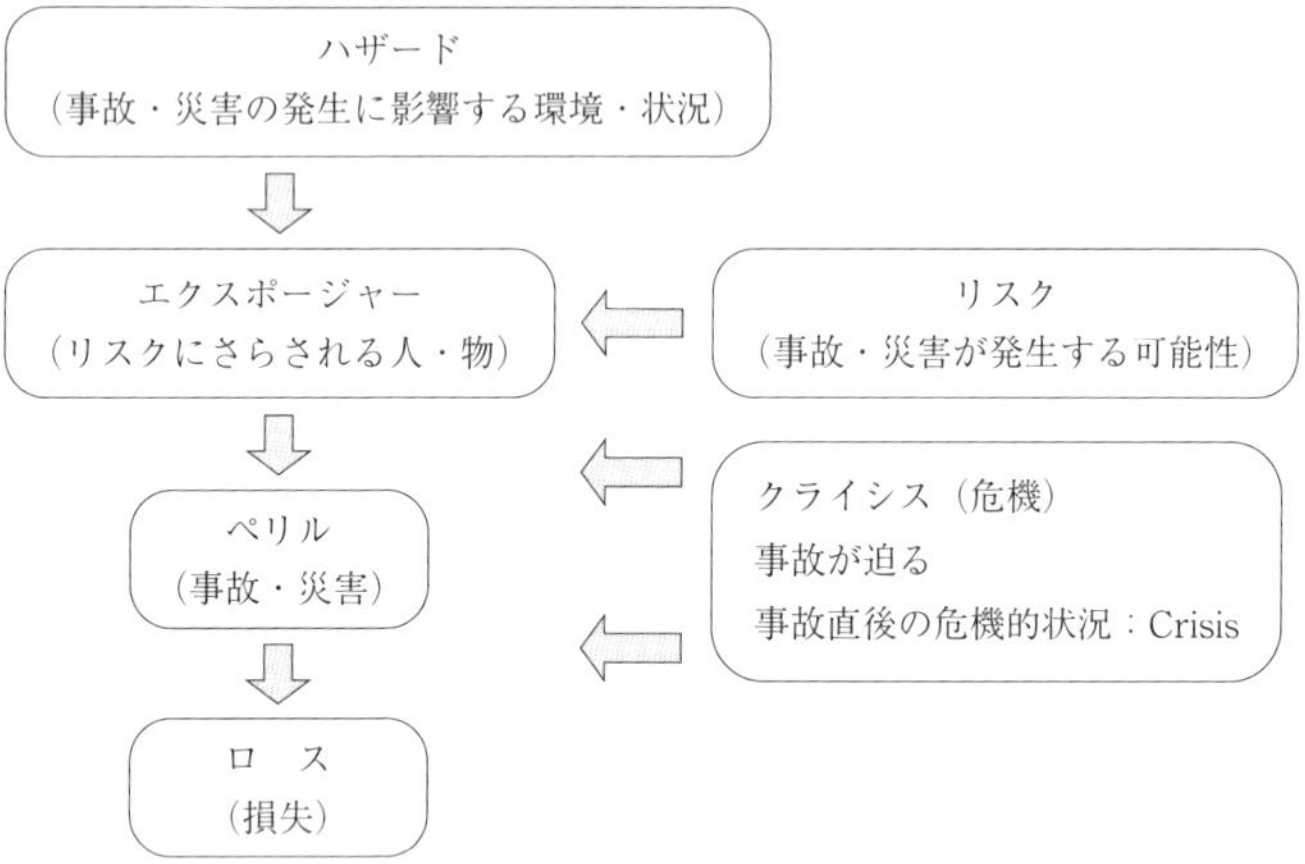

リスクの要素

③ リスク（risk）：損失の原因となる事故や災害が発生する可能性

④ ペリル（peril）：損失の原因となる事故や災害。またはイベント（event）：出来事、事象

⑤ クライシス（crisis）：危機。事故や災害が発生する可能性がいよいよ大きくなってきたときの状況または事故や災害が発生した直後の状況

⑥ ロス（loss）：損失。またはダメージ（damage）：損害

フュナンビュール座に当てはめてみよう。ハザードは、役者たちがアンセルム・ドビュローとセラファン・バリニという大物役者二人の派閥に真っ二つに分かれていて、いつもいがみ合っている状況。リスクは、ドビュロー派とバリニ派の争いによって劇場が分裂してしまう可能性。ペリルは両派が実際に喧嘩をすること。ロスは、喧嘩による役者の負傷、公演ができなく

なること、入場券の払い戻しをしなければならないこと、評判が落ちること……クライシスは、いよいよ両派閥の間が険悪となって一触即発の状況。あるいは喧嘩が起こった後の混乱した状況だ。

フュナンビュール座の危機を救った座長の決断

しかし、恐れていたことが現実になる。無言劇の舞台で、道化役のバリニが、老いぼれ役のドビュローを叩く場面で、強く叩きすぎる。二人は取っ組み合いとなる。これにバリニ派とドビュロー派が加勢して、大乱闘となる。もはやリスク（可能性）ではない。ペリル（大乱闘）が実際に発生して、クライシス（危機）だ。天井桟敷と呼ばれる四階席の客たちは「やれやれー！」とはやしたてる。幕が下ろされる。

バリニは謝罪を促される。しかし、バリニは謝罪を拒否し、自分の派閥の役者を引き連れて出て行ってしまう。客席からは大合唱が聞こえる。「金返せ！　金返せ！」「泥棒！　泥棒！」。

このクライシスによりさまざまなロスが予想される。バリニ派がいなくなって人材のロス。返金によるロス。評判低下のロス……。

演劇の舞台におけるリスクマネジャー的存在である舞台監督が言う。「一刻の猶予もありません。このままだと劇場が壊されます！」。

その通りだ。リスクや危機に際して決断する場面では、時間がない。迅速な決断が必要だ。といっても、バリニが去って、ピエロ役がいない。座長は頭を抱える。ここで、舞台監督は「バチストにやらせたらどうでしょう」と提案する。すると、自分の息子は無能だと思い込んでいるドビュローが断固反対する。

舞台監督「（バチストは）さっき表では拍手喝采を浴びておりました」。

座　長「見ていたのか」。

舞台監督「話を聞きました」。

座　長「誰から聞いた？」。

舞台監督「切符売りの女から」。

座　長「切符売りだと？　それなら、世間の声だ。客の声だ。間違いない。……バチストを呼んでこい」。

アンセルム・ドビュロー「断固、反対する！」。

座　長「わしは、断固、命令する！　さあ、呼んでくるんだ。……今やフュナンビュール号は浮沈の瀬戸際だ。嵐は荒れ狂い、客は吼える。だが、わしは船長だ。一座の運命をにぎるのは、神に次いでわしだ。出て行って口上を述べよう」。

こうして、フュナンビュール座の最高経営責任者たる座長は、リスクマネジャーたる舞台監督の助言を受け入れ、バチストを舞台に起用する。同時に、自分を売り込みにきた素性の知れない役者のフレデリックを起用するのだ。座長は大きなリスクをとったのだ。

結果、舞台は大成功する。やがてパリで一世を風靡するバチスト・ドビュローというパントマイム役者。フレデリック・ルメートルというロマン派演劇役者。この二人が誕生した記念すべき夜となった。

リスクをとること・とらないこと

リスクをとらないと得られるものも得られない。リスクをとらないこともリスクになる。

バチストは、居酒屋「赤い咽喉」でガランスと再会する。バチストは、失業し宿なしだというガランスに、フュナンビュール座で働くことをすすめ、自分の下宿屋に連れて行く。二人きりの夜。ガランスのそれとなき誘いに、バチストは一歩が踏み出せなかった。彼女への愛が純粋すぎるがゆえ、扉を閉ざして出て行ってしまう。やがて、ガランスは口説き上手なフレデリックと一緒に暮らし出す。そんな二人の姿を見てバチストは苦悩し、失恋の痛みから一時期、舞台に立てなくなる。苦しむバチストを見て、彼に一途な思いを寄せるナタリーも苦悩する。

リスクをとってあるものを得ると、別のものを失なったり、新たなリスクが発生する。こういうトレードオフの場合もある。第一部「犯罪大通り」の最後で、ガランスは、ラスネールが起こした殺人沙汰の疑いをかけられる。警察の厳しい取り調べが続く。ガランスは切羽詰り、自分の熱烈なファンであるモントレー伯爵の名刺を差し出す。「この方に、私が無実の罪を着せられて困っています」とお伝えくださ い。その名刺を見て警察官の顔色が変わる。ガランスは逮捕される危機を免れたわけだが、同時に、それはモントレー伯爵の求愛を受け入れ、自由を束縛されることを意味した。

『天井桟敷の人々』製作背景から

この大作について語る時、第二次世界大戦時、ドイツ占領下のリスク充満の時期に撮影されたことが特筆される。当時のハザードとして、占領軍ドイツによる干渉、ユダヤ人スタッフへの迫害、物資不足、など、数え切れないほどの悪条件が揃っていた。

プロデューサーのアンドレ・ポールヴェの下、マルセル・カルネ監督と詩人で脚本家のジャック・プレヴェールの名コンビは、『悪魔が夜来る』で大成功を収めていた。悪魔に石にされても、男女の心臓の鼓動は続いていたというラストシーンは、たとえ戦争には負けても、フランス魂は失わないぞ、という心意気を暗示していた。次回作として、一九四三年の初頭に、カルネ監督、プレヴェール、俳優のジャン＝ルイ・バロー（バチスト役）が着想したのが、伝説のパントマイム役者バチスト・ドビュローの物語だった。南フランスのサン・ポール・ド・ヴァンスにカルネ監督やスタッフ、主な役者が集い、構想が練られた。プレヴェールはシナリオ執筆に半年をかけた。

こうして同年八月一六日にニースのラ・ヴィクトリーヌ撮影所に作られた犯罪大通りのセットで撮影が開始された。しかし、ここから、立て続けに外襲的なリスクに見舞われることになる。撮影開始三日後に、イタリアに上陸した連合軍がニースに進軍してくるというニュースが伝わる。ヴィシーにある傀儡政権は、スタッフにパリに引き揚げることを命令する。さらにプロデューサーのポールヴェの家系にユダヤ人の血が流れていることが判明し、占領軍によって社会的活動が禁止される。製作は、現在もゴーモン社と並びフランスの大手映画会社の両雄であるパテ社が受け継ぐ。パリ郊外で撮影が再開されることになった時、今度は古着屋ジェリコ役のロベール・ル・ヴィガンが現れない。彼はナチスドイツの協力者だったため、イタリア無条件降伏の報に接し、逃げ出してしまったのだ。この危機に急きょピエール・ルノワールが起用されることとなった。

この映画の影の主役は印象的な音楽と、冒頭とラストシーンを飾る犯罪大通りのセットだ。音楽のジョゼフ・コスマも舞台装飾のアルクサンドル・トローネルもユダヤ人だった。二人は匿名でこの作品に協力した。マルセル・カルネ監督、スタッフ、俳優陣のチームワークと心意気で、フランス解放後、ドイツ敗戦間際の一九四五年三月にこの世紀の傑作は完成した。

この作品が撮影された占領期の抑圧された状況と反比例するかのように、映画の中では生き生きと自由を謳歌する人々の姿が描かれる。天井桟敷に集う観客たちがまさにそうだ。あらゆる困難を乗り越えて製作された本作は、存在自体がリスクマネジメントや危機管理を体現していると言えよう。*

＊「『天井棧敷の人々』に学ぶ」の節においては以下を参考にした。『天井棧敷の人々』パンフレット、東宝、一九八一年。『天井棧敷の人々　4K修復版』パンフレット、ザジフィルムズ、二〇二〇年。「山口昌男さんと見る天井棧敷の人々」『朝日新聞』一九八五年一〇月二九日。「天井桟敷の人々（上）（下）」『朝日新聞』一九九一年九月一日・八日。

Exercises

自分の生活におけるリスクを「リスクの三分類」に基づいて分類し、それぞれ「リスクの要素」に分けて分析せよ。

あなたが座長なら、内輪揉めによる劇場の危機にどのような決断をするか？

（亀井克之）

コラム① 映画とともにある国、フランス

フランスで発明されたものは数多い。もちろん、それらは私たちの日常生活に役立っているものもあれば、そうでないものもある。そのなかでも、日常的な娯楽として、一〇〇年以上経ったいまも親しまれているものといえば、映画をおいてないだろう。ルイとオーギュストのリュミエール兄弟によって生み出されたシネマトグラフなくして、今日の映画はなかったのだし、今日、映画全般を示す言葉となっている「シネマ cinéma」も、リュミエール兄弟による発明品「シネマトグラフ cinématographe」が約《つづ》められたものだ。

それゆえというわけでもないだろうが、おしゃべり好きなフランス人が好んで話題にするのは映画のことであり（もちろん、ワインについての蘊蓄もこれに勝るとも劣らないのだが）、フランスの映画批評誌（たとえばカイエ・デュ・シネマ）は、世界中の映画批評誌のなかでももっとも影響力が強いものとなっている。

こうしたフランス人の映画熱を世界に向け発しているのが、ユニフランスという存在だ。ユニフランスは、フランス映画を世界に向けプロモートするという目的のもと、一九四九年に設立された。現在はCNC（フランス国立映画センター）の監督下に置かれており、半官半民の組織でもある。ちなみに、こうした官営の映画推進機関は、英国のBFI（英国映画協会）の設立が一九三三年ともっとも古く、次いでカナダのNFB／ONF（カナダ国立映画庁）の一九三九年設立、そしてこれに次ぐのがユニフランスとなっている。

ユニフランスは、自国映画の全世界プロモートのほか、国内・外におけるフランス映画のステイタスについても取りまとめて発表しており、そこからの資料を一部、紹介してみよう。

「映画の輸出では世界第二位」「世界各地において、一日につき一作品以上の新作フランス映画を上映」「一日四〇作品のフランス映画を海外テレビ放映」などなど、さまざまな数字が並ぶ。このうち、意外なのが「映画の輸出で世界第二位」という文言ではないだろうか。第一位はアメリカだというのは想像つくが、

『ラ・シオタ駅への列車の到着』が撮影されたラ・シオタ市にあるシネマ・リュミエール（2021年10月，亀井克之撮影）

映画大国インドや物量にモノを言わせる中国を抜いて、世界中でフランス映画が見られているわけでもある。

　そして、こうした状況を下支えしているのが、世界でもっとも華やかな映画祭であるカンヌ映画祭の存在だ。カンヌ映画祭もまたユニフランスの主催によるものだが、毎年五月の南仏カンヌに世界中の映画人が集う様子は、まさに圧巻。というのも、カンヌ映画祭は社交界の行事でもあるのだ。映画祭会期中、毎夜八時から上映が行われるソワレは、男性はタキシード、女性はローブ・デコルテの着用が義務づけられており、持ち合わせのない人のための貸衣装も用意されている。また、ソワレの上映には、一般観客はもちろん、通常のプレス関係者も、招待状を持っていないと入ることができない。選ばれたセレブのみに許された晴れの場でもあるのだ。

　そして、ここで選ばれた最優秀作品＝パルム・ドールは、カンヌ映画祭によって発見された作品と才能として、世界に向け旅立ってゆく。つまり、フランスがその作品の第二の故郷＝発信地となるわけでもある。芸術の国を自負するフランスだが、映画もまたその一翼を担うものとして認められているのだ。アメリカが娯楽映画大国だとすれば、フランスは映画とともにある国と言ってもいいのだろう。

（杉原賢彦）

第2章

リスクマネジメント

Gestion des risques

人生どん底。抜け出すにはカネが要る。
カネか命か、危険な積荷を運ぶか否か？

『恐怖の報酬』（*Le Salaire de la Peur*）
監督　アンリ＝ジョルジュ・クルーゾ（Henri-Georges Clouzot）
出演　イヴ・モンタン（マリオ）
　　　シャルル・ヴァネル（ジョー）
1953年　フランス　148分

1953年カンヌ映画祭グランプリ
同主演男優賞（シャルル・ヴァネル）
フランス封切り1953年４月
フランス国内観客動員数694万5399人
パリ観客動員数160万2294人
（*Ciné-Passions Le guide chiffré du cinema en France*, 2012, Dixit）

人生最大の危険はニトログリセリンで吹き飛ばせ！——作品解説

もしあなたが人生のどん底にあるようなとき、そこから抜け出せる唯一の、しかし危険きわまりない仕事とめぐり合ってしまったら、どうするだろうか？　これぞ天の助けとばかりに飛びつくだろうか、それとも命すら危ういかもしれない危険に鑑みて、今回は見送ることを決断するだろうか？　究極の選択といってもよいかもしれない状況で、人生最後になるかもしれない賭けに挑む、それが本作『恐怖の報酬』のメイン・テーマだ。

舞台は地の果てベネズエラ。本国で食い詰め流れ流れて中米へ。そこでも食いっぱぐれ、職にあぶれてしまった移民たちの困窮し尽くした日常。ここから抜け出すには、一攫千金でも当てなければ不可能だが、そんなアテなどなく、夢のまた夢でしかない。ある日、五〇〇キロ離れた油田で火災が起きたという報《しら》せがベネズエラを駆け抜ける。中米最大の油田地帯での火災は、この国の基幹産業にとって最大の危機でもある。だが、油田火災を首尾よく消し止めるには、さらに危険な方法によるしかないのだ。つまり、強大な火薬の爆風によって、炎を吹き消すしか手はないというのだ。

ところが、油田までは道なき道が続き、強大な爆風を起こすのにもっとも適した、しかしいつ爆発するかもしれないニトログリセリンを現地まで運搬するのに手を貸すような輩は、真っ当な者のなかにはいなかった。そこで、人生のどん底、食い詰めた者たちにお鉢がまわってくる。まんまと現場までニトログリセリンを運びおおせられたなら、二〇〇〇ドルの賞金が出るという。二〇〇〇ドルあれば、どん底から抜け出し、生活を立て直すことができる。この無謀ともいえる勧誘に、四人の男たちが名乗りを挙げる……。

もとは一九五〇年に上梓されたフランスの小説家ジョルジュ・アルノーによるタイトル同名の中編小説だが、フランス国内では現在まで二〇〇万部を超えるベストセラーとなってはいるものの、むしろこれを映画化した本作によって世界中に知られるようになった。小説がもっていた苦い人生のエッセンスを、映画は、小説より以上に引き出し得たからだ。

アンリ＝ジョルジュ・クルーゾ監督『恐怖の報酬』（1953年）

本作が製作されたのは一九五三年、フランス映画が転換期を迎えようとしていた時代にあたる。第二次世界大戦後からまもなくのフランス国内は、ナチス・ドイツに対する勝利に沸き返る一方で、戦争初期におけるドイツに対する一方的な敗戦という事態に対する反省から、新たな世界観、新たな哲学観の構築が急務とされた。そのなかから生まれたのが、ジャン＝ポール・サルトルを中心にした実存主義哲学だった。アンガジュマン＝社会参加を旗印に、思索に耽るのみならず、自らをもって行動することの重要性を叫んだのだ。言ってみれば、自ら危険を背負うこと、世の中に出て、そこに潜んでいる危険と実際に向き合ってみるよう、戦後世界に生きようとする人々に訴えた。机上の空論ではなく、自分自身がそのなかで感じたものに逃げることなく、対峙することの重要性を示したのだった。

もちろん、本作はこの実存主義哲学への共鳴を表明するためにつくられた作品ではない。がしかし、映画は時代の空気のなかから生まれるものでもある。『恐怖の報酬』映画版は、この現実世界のピリピリするような苦悩と危険を、ベネズエラという未知の地に掬いとりながら、それらと立ち向かわざるを得ない場末の者たちの生を、限りなく危険なサスペンス映画に仕立てあげることによって、忘れがたい作品に昇華せしめたのだ。

さて、能書きはここまでにして、本作を見てゆこう。主な登場人物は、四人の追い詰められた者たち。フランスから移民として流れ着いたマリオとジョー、イタリア系のルイジとドイツ系のビンバ。主役となるマリオはコルシカ出身の優男、ジョーは警察に追われやむなくパリを逃れて来たお尋ね者で、ふたりはこの仕事の前からの知り合いだった。そこにあとから加わったルイジはイタリア南部カラブリア出身のセメント工、そして無口で頑固なユダヤ系のビンバという取り合わせだ。このあたりの配役の妙は、本作がフランス＝イタリア合作映画のため、両国の俳優を起用しないといけないという裏事情にもよるが、戦後のヨーロッパという枠組みを意識してのものでもあるだろう。四人はそれぞれ、マリオとジョー、ルイジとビンバという二組――連合国と旧枢軸国に分けられているという見方は、ちょっと穿ちすぎかもしれないが――に分かれ、二台のトラックに分乗して、火災現場までの危険きわまりない旅路に着く。

当然のことながら、彼らの道行きがたやすく計画どおりすんなり進んでゆくわけではない。途上、さまざまな危難が彼らの行く手に待ち構えているのだが、ここでそれらについていちいち挙げ連ねることはしない。危険をどうとらえるのか、そしてそれに対してどう行動するのか、四人それぞれの思惑をからませてゆく仕業が本作の最大の見どころであり、その発見の楽しみはみなさんのものだからだ。巧みな演出は、ギリギリのところでのアクションとサスペンスをケレン味たっぷりに見せてゆくわけだが、彼らの振る舞いの根底にあるのは、いま、目の前にある危険に対するそれぞれの値踏み＝評価であることに注意したい。油田を救いたいという大義名分で彼らはこの職務に挑んでいるわけでは、けっしてない。二〇〇〇ドルという対価と、これでどん底生活からおさらばできるかもしれないという淡い期待を載せて、彼らの天秤は小刻みに振れ続けながら、人生を賭けた決断を強いられ続ける。いわば、自身の実存が試され続けているわけでもある。

そして結末は――？　それは見てのお楽しみにしておこう。重要なのは、その結果ではなく、その過程＝道行きであるからだ。加えて、この過程において、その人物の真の価値もはかられるというのもまた確かな事実だ。「運転を人任せにするのは恐ろしい」という旨のマリオのセリフがあるが、彼の人となりを絶妙に描写している言葉でもあるだろう。これと同様に、危機に際したとき初めて、その人の本当の姿が晒される。それを、本作は問うているのだ。

だがしかし、こうした理屈はどうあれ、そこに血肉が通っていなければ映画の成功はおぼつかないのも事実だ。マリオを演じるイヴ・モンタンの若々しい男前の魅力、ジョーを演じたシャルル・ヴァネルのこすっからい人間性の表出感、そしてこれらをまとめたクルーゾ監督の演出、それぞれが中米、最果ての地でピタッとはまってみせた。のちにハリウッドでアクション派のウィリアム・フリードキン監督によってリメイクされているが、第二次世界大戦後の困難な時代背景を背負った本作の迫力には及びもつかない。すぐれた映画が時代の産物である、その時代と切っても切れない関係にあるなによりの証左といえるのかもしれない。ちなみに本作は、公開当時、フランス国内で七〇〇万人近くの観客動員を記録する大ヒットとなり、日本でも、またアメリカでもその年を代表するヒット作のひとつとなっていった。

もうひとつつけ加えるなら本作は、生命の危険と引き換えになんらかの代価を得る、危険引き換え映画とでも呼ぶべきジャンルを開いた作品でもあった。のちのクェンティン・タランティーノ監督『レザボア・ドッグス』(一九九二)をはじめとして、掛け金に惹かれた向こうみずな(ときには女たちによる)無謀とも思える危ない仕事引き受けドラマは、すべて、ここから出発しているのだ。

(杉原賢彦)

『恐怖の報酬』に学ぶ

リスクマネジメントとは何か

この映画は、まさしくリスクマネジメントと危機管理をテーマとしている。油田の大規模火災をどのように消し止めるのか。経営陣は、打開策としてニトログリセリンを爆破させて鎮火させることを決断する。震動で爆発する恐れのあるこの液体をどのように運搬するのか。誰がトラックを運転するのか。全編、リスク対応の決断、リスクコントロール、危機対応が描かれる。

では、リスクマネジメントとは何か。ここで、国際標準的な定義を示しておこう。二〇〇九年に発表され、二〇一八年に改訂されたリスクマネジメントの国際規格 ISO31000 "Risk management-Principles and guideline"（『リスクマネジメント——原則及び指針』）は、リスクとリスクマネジメントをそれぞれ、次のように定義する。

「リスク」:「目的に対する不確かさの影響」（effect of uncertainty on objectives）

「リスクマネジメント」:「リスクについて、組織を指揮統制するための調整された活動」（coordinated activities to direct and control an organization with regard to risk）*

＊ 日本規格協会『対訳 ISO31000：2018 リスクマネジメントの国際規格』二〇一九年、

二三〜二四頁。

ファヨールによる定義——人と資産を守ること

経営学の分野で、最初にリスクマネジメントを取り上げたのはフランスのアンリ・ファヨール（Henri Fayol）だ。ファヨールは鉱山会社の社長を長年務めた。炭鉱という危険と隣り合わせの現場で、いかに安全で効率的に経営するかに力を尽くした。ファヨールは社長引退後、一九一六年に『産業ならびに一般の管理』（*Administration industrielle et générale*）を著した。

この本の中で、企業活動を①生産、②販売、③財務、④会計、⑤保全、⑥管理の六つに分けた。五番目の保全的職能（Fonction de Sécurité; Security Function）が経営学におけるリスクマネジメントの考え方の出発点だ。ファヨールは保全的職能を「資産と従業員を守ること」（protéger les biens et les persoones）だと説明した。*

なお、ファヨールが提唱した管理サイクルは、現在もビジネスで用いられるＰＤＣＡサイクル（Plan–Do–Check–Action）の考え方の基になっている。

* Henri Fayol, *Administration industrielle et générale*, Dunod, 1999.

シャルボニエによる定義——法的保護・予防・保険

戦後、アメリカで保険管理型のリスクマネジメントの理論と実践が確立される。こうしたアメリカの理論に基づいて、ジャック・シャルボニエは一九七六年にフランスで初めてのリスクマネジメントの本を書いた。ジャック・シャルボニエは次のように定義する。*

リスクマネジメントとは、①法律による保護、②予防、③保険という適切な技術を用いて、あらゆる偶発的なリスクから、企業の人材、財産、経費ならびに利益を保護する機能である。

＊ Jacques Charbonnier, *La Gestion de la Sécurité de l'Entreprise*, L'Argus, 1976, p. 157.

日本におけるパイオニア――不確実性に対する挑戦

一方、日本で初めてのリスクマネジメントの本は、一九七八年一月に出版された片方善治『リスク・マネジメント――危険充満時代の新・成長戦略』だった。同書は、「不確実性に対する企業の挑戦こそリスク・マネジメント」だと宣言した。さらに、一九八〇年に亀井利明『リスクマネジメントの理論と実務』が刊行され、リスクマネジメントを次のように定義した。*

リスクマネジメントとは人間の危険予知本能に基づき、危険を制御し、危険に準備するための活動であり、危険の合理的費用化の活動である。

＊ 亀井利明『リスクマネジメントの理論と実務』ダイヤモンド社、一九八〇年。

リスク管理にどこまでコストをかけるか――ギャラガーの理論

一九五六年、アメリカのラッセル・ギャラガー（Russel B. Gallagher）が『ハーバード・ビジネス・レビュー』誌に「リスクマネジメント――コスト管理の新側面」（Risk Management: New Phase of Cost Control）という論文を発表した。この論文はアメリカのビジネス界でリスクマネジメントという考え方が市民権を得るきっかけになった。その中で、示された命題は「安全管理やリスクマネジメントにどれくらいコストをかけることができるのか」だ。これは現代に続く永遠の課題で、リスクマネジメントを考える上で最も重要な視点だ。*

『恐怖の報酬』では、石油会社は、油田火災鎮火のために、成功報酬二〇〇〇ドルというコストをかけて、ニトログリセリンを運ぶトラックの運転手を募集した。運転手にとって、運搬途中に爆発する可能性と、成功すれば賞金が得られる可能性の両方がある。結果、命が危険に晒されるというコストと引き換えに、賞金を狙って、応募者が集まった。

* Russel B. Gallagher, "Risk Management: New Phase of Cost Control" *Harvard Business Review*, September/October 1956, p. 75-86.

リスクマネジメントのプロセス「四つの定」――特定・想定・決定・改定

リスクマネジメントは「四つの定」によるプロセスだ。つまり、リスクマネジメントとは、①どのようなリスクがあるかを特定し、②どれくらいの損失をもたらすかを想定し、③どのように対応する

リスクマネジメント・プロセス　「４つの定」

特　定 (Risk Identification)	リスクの発見
想　定 (Risk Assessment)	リスクが顕在化した時の損失の予測
決　定 (Risk Treatment)	リスクにどう対応するかの決断
改　定 (Revision of Risk Management)	失敗に学び，災害から教訓を得て計画を修正

かを決定し、④実行した結果に基づいてリスク対応策を見直し改定することだ。

ISO31000によるリスクマネジメントのプロセス

ISO31000：2018はリスクマネジメントのプロセスを次のように説明している（日本規格協会『対訳ISO31000：2018』二〇一九年、一八〜一九頁に基づいて作成）。

リスクの特定（Risk Identification）

「リスク・アセスメント」の第一段階がリスクの「特定」だ。これはリスクを洗い出して「発見」することだ。その時、次の三点を確認することが大切だ。

①　どんな人的資産と物的資産がリスクにさらされているか。
②　どんな事故が発生する可能性があるか。
③　どんな損失につながる可能性があるか。

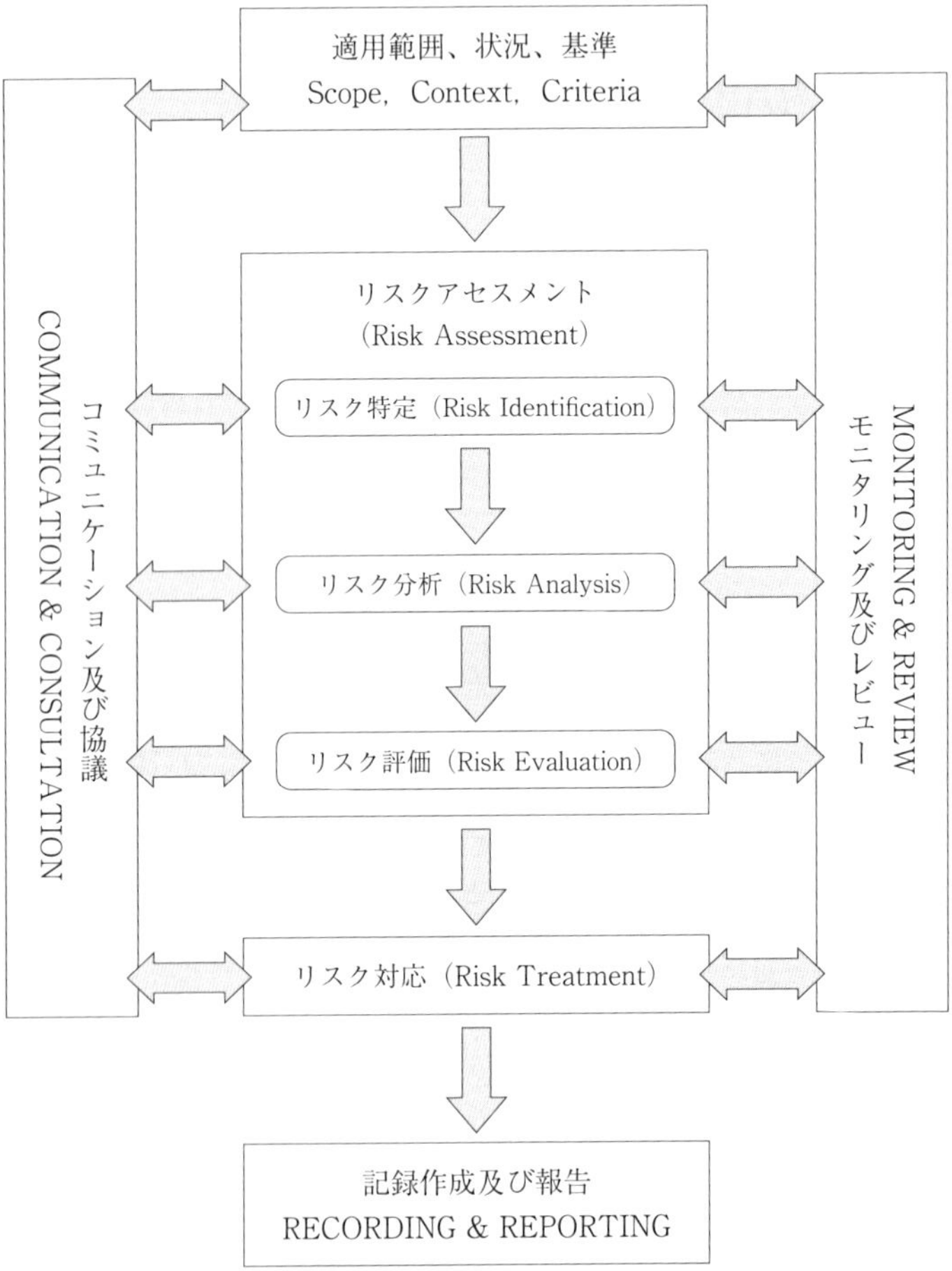

リスクマネジメントのプロセス

（出所） 日本規格協会『対訳 ISO31000：2018』。

リスク想定のマトリクス

確率大・強度小リスク（軽減）	確率大・強度大リスク（回避）
確率小・強度小リスク（保有）	確率小・強度大リスク（移転）

リスク特定では、ハインリッヒの法則（Heinrich's law）に注意する必要がある。これは死亡や重傷を引き起こす一件の重大な事故の背景には、軽症をともなう二九件の軽微な事故があり、その背景には日常的なヒヤリとしたりハッとしたりする三〇〇の出来事（ヒヤリハット）があるとする考え方である。ヒヤリとしたり、ハッとしたりすることを経験した時に、「大事故につながらなくてよかった」で安心してしまうか、「これは大事故の予兆かもしれない」と警戒するかが、リスクマネジメントが成功するかどうかの分岐点になる。

リスクの想定（Risk Assessment）

リスク想定は、特定されたリスクを分析・評価し、その影響を予測することだ。想定すべきことは、①事故の発生確率・頻度と、②事故が発生した結果、生じる損害の強度だ。ISO31000では、起こりやすさ（likelihood）（何かが起こる可能性）と結果（consequence）（目的に影響を与えうる事象の結末）と説明されている。

東日本大震災以来、たとえ発生確率が小さくても、一度起こると甚大な被害をもたらすような、巨大災害に備えることの重要性が認識されている。確率小・強度大リスクだ。

『恐怖の報酬』で描かれるのは、確率大、強度大という最悪の想定がされるリスクだ。ニトログリセリンを悪路で五〇〇キロ運搬すれば爆発事故の発生確率が高く、爆発すれば運転手は間違いなく命を落とす。通常はこのリスクに挑む者はいない。

リスク対応策の決定（Risk Treatment）

リスク対応策には、「リスクコントロール（事故防止・災害対策）」と「リスクファイナンス（資金準備・保険活用）」の二本の柱がある。そして、「回避」「軽減」「移転・共有」「保有」の四つの手段がある。

リスク対応（リスクトリートメント）（Risk Treatment）

■リスク対応の二本柱

・リスクコントロール（事故防止、災害対策）（Risk Control）
・リスクファイナンス（資金の準備、保険の活用）（Risk Finance）

■リスク対応の四つの手段

・回避（避ける）（Avoid）
・軽減（減らす）（Reduce）
・移転（他に移す）・共有（分担する）（Transfer/Share）
・保有（受け入れる）（Retain）

運転を例にすれば、睡眠不足や飲酒した場合は、車の運転をとりやめる（リスクの回避）、運転する時はスピードを落とす（事故発生確率の軽減）、シートベルトをする（負傷の軽減）などがリスクコントロールに相当する。一方、自動車保険への加入（リスクの移転）がリスクファイナンスに相当する。リスクを「回避」せずに行動を起こした場合、できる限りリスクを「軽減」しようと努める。それでも残るリスクについて、他者にリスクを「移転」したり、他者とリスクを「共有」しようとする。軽減も移転も共有もできない部分について、リスクを「保有」する。

『恐怖の報酬』では、危険極まりない任務を四人は回避しなかった。賞金を狙って、運搬途中で爆発するリスクを受け入れた。自分で志願した以上、リスクを他人に移転することはできない。こうした状況で特別な保険もありえないだろう。二台のトラックに分かれたマリオとジョー、ビンバとルイジは、自分の相棒とリスクを共有したのだ。

ところがこの映画は、想定しなかったリスクを描き出す。それがこの作品のテーマ、そしてタイトルとなる。リスクをとって爆発というペリル（災禍）と隣り合わせとなった人間の感情だ。恐怖の感情だ。

ニトログリセリンが爆発しないように慎重な運転を繰り返す。落石が道を塞いだ箇所で、冷静に積荷のニトログリセリンの一部を用いて爆破させ、通行可能にする。そうした緊張に次ぐ緊張の連続の中で、ジョーが何度も怖気付いて逃げ出そうとするのだ。出発前の酒場で大立ち回りを演じたジョーが、出発後、泣き言を言っては、トラックから降りようとする。

石油の沼をトラックで突破するにはジョーの足の上を進まねばならなかった
（"Le salaire de la peur" photographie de plateau de Sam Lévin © DR., coll. La Cinémathèque française）

先を進んでいたビンバとルイジのトラックが大爆発を起こして跡形もなくなると、またもジョーは逃げ出す。マリオは、ジョーを追いかけて、顔面に石を投げつけ、殴り倒す。「お前の力が必要だからさ」「二人で行くんだ。最後までな。戻るぞ」

リスクに直面して人間が抱く恐怖、弱さ。この描き方はフランス映画ならではだ。ジョーを演じたシャルル・ヴァネルは、主役マリオを演じたイヴ・モンタンをさしおいて、カンヌ映画祭主演男優賞に輝いた。作品賞（グランプリ）とのダブル受賞である。

そして決定的瞬間

実家に帰って、久しぶりに八五歳の母に会った時、ふとこの映画の話になった。「昔、その映画見たわよ。真っ黒い石油の沼にはまって、身動き取れなくなった人の足の上をトラックが進んでいくのよ。あの頃、『恐怖の報酬』っていうタイトルがとっても印象的で話題になったのよ」

母は六〇年以上も前に見た映画の一場面を克明に描写した。昨日のことのように覚えているのには驚いた。それほど、この場面は印象的だ。この作品について語る本では、必ず、マリオに支えられたジョーが石油で真っ黒な顔で苦しんでいる場面の写真が用いられる。

ビンバとルイジ組のトラックが爆発したことによって、石油のパイプが破裂していた。窪地に油がたまり真っ黒の沼のようになっている。ジョーはトラックを降りて、深みがないか確かめながら誘導していく。しかし、ジョーは窪みに足をとられて倒れてしまう。トラックは、ジョーの足の上を通過しなければ、窪みにはまってしまう。運転するマリオは、そのままトラックを前進させる。トラックのタイヤはジョーの足を踏みつけて進んでいく。トラックは石油の中に沈んでしまう危機を脱する。マリオは、石油の中からジョーを抱き抱えて救い出す。こうして、なんとかこの危機も突破する。足に重傷を負って衰弱していくジョーを乗せ、マリオの運転するトラックはいよいよ目的地に近付いていく。目的地寸前でジョーは息を引き取る。

マリオは無事に到着する。油田の火災は、マリオが運んだニトログリセンを爆破させて爆風を起こして消しとめられる。危機は去る。危険な任務を担った四人の内で一人残ったマリオは賞金を独占する。帰り道は、トラックの荷台は空だ。マリオは、酒場の娘リンダが待つ町へと意気揚々とハンドルを握って、山道を下っていく。ハンドルさばきは軽やかだ。そして……。

最後に描かれるのは「恐怖の報酬」が何だったかだ。まさにクラシックなフランス映画でなければ絶対用意できないラストシーンだ。

Exercises

- 自分が直面するリスクを特定し、それについて想定し、対応手段を考えよ。
- 賞金がかかっていれば危険物を運搬するトラックを運転するか？
- 危機を突破するためなら、相棒の足の上をトラックで進んでいくか？

（亀井克之）

コラム②　「映画のゆりかご」――ラ・シオタと世界最古の映画館エデン・テアトル

南仏プロヴァンスの港街マルセイユの東に海辺の街ラ・シオタがある。小さなこの街はフランス映画史に大きな足跡を残す。リュミエール兄弟ゆかりの地で世界最古の映画館エデン・テアトルがある。戦前戦後の名優ミシェル・シモンが別荘を持ち、シネマテーク創始者のアンリ・ラングロワが一九六八年に解任騒動の喧騒を避けるため滞在した。海辺にはリュミエール兄弟とラングロワの碑がそれぞれある。付言すると、ラ・シオタはフランスで普及している鉄球を投げる競技ペタンクの発祥の街でもある。

一八八九年六月一五日にマルセイユの興業主アルフレッド・セガンはエデンをオープンした。これが神話的な映画館になろうとは夢にも思わなかった。やがてセガンはエデンをラウル・ガローに売却した。観客二五〇人が演劇や音楽などを楽しんだ。一九九二年にラ・シオタ市が購入するまで、ガローの妻のスーラ家が一世紀間エデンを所有した。ガロー夫妻は、バカンスでこの街を訪れるアントワーヌ・リュミエールと親しくなった。リュミエール兄弟の父親だ。水彩画が趣味のリュミエールは海の光景に魅了され、エデンの近くに土地を購入し豪華な別荘を建設した。リュミエール家はバカンス毎に滞在した。一八九五年の夏、ラ・シオタで休暇を過ごすルイとオーギュストの兄弟は発明したシネマトグラフで『水を撒かれた散水夫』や『ラ・シオタ駅への列車の到着』などを撮影した。九月二一日、別荘の大広間に友人たちを招き上映会を行った。参加したガローはエデンでの上映会を提案した。しかし、技術的な問題から実現しなかった。結局、パリのキャプシーヌ通りグランカフェで一二月二八日に世界初の映画の有料上映会が開催された。エデンでは、一八九九年三月二一日と二二日に兄弟による作品の有料上映会が行われた。この出来事でエデンは現存する世界最古の映画館となる。

ところが、エデンの歴史は苦難の連続だった。一九四五年三月二五日、ドイツ潜水艦の機雷により建物正面が損傷。戦後、街の主要産業だった造船の不況や映画産業の斜陽化が追い討ちをかけた。さらに一九八二年一二月には経営者が強盗に殺害され、映画興行が停止された。ついには老朽化した建物の安全性の観点から、一九九五年にラ・シオタ市はエデンの閉鎖を発表した。しかし翌年エデンは歴史遺産の候補になったた

2013年にリニューアルされたエデン・テアトル
(2021年10月，亀井克之撮影)

エデン・テアトルを危機から救ったミシェル・コルニーユ氏が自ら案内役を務める(2021年10月，亀井克之撮影)

め取り壊しを免れることとなった。

やがてエデン擁護の人たちが立ち上がった。一九八二年以来、第一回作品に限定した映画祭を主催している「映画のゆりかご」（ベルソー・ド・シネマ）と、二〇一一年エデン保護を目的に結成された「エデンのリュミエール」の二団体が再興に奔走した。市、県、地方も支援に回った。フランス映画界にエデン支援の輪が広がった。二〇一三年欧州文化首都マルセイユの計画に組み込まれ、二〇一一年六月から一年半の改修工事が行われた。ついに二〇一三年一〇月九日に念願のリニューアルオープンが実現した。二〇一四年から「エデンのリュミエール」が市から映画館運営を委任されている。

エデン・テアトルでは、水曜日と土曜日の一四時半からガイド・ツアーを実施している。「エデンのリュミエール」のミシェル・コルニーユ代表が自ら案内役を務める。エデンが映画史においていかに価値があるか、いかに消滅の危機から再興したかをコルニーユ氏は情熱的に語りかけてくれる。*

＊ 参考文献として、Laurence de la Baume et Jean-Louis Tixier, *Le secret de l'Eden*, Gaussen, 2019 ; Michel Cornille, *Cinéma Eden-Théâtre La Ciotat La plus ancienne salle de cinéma du monde*, Les Lumières de l'Eden, 2018.

（亀井克之）

第3章 クライシス（危機）

Crise

不倫相手の社長夫人と共謀し、
綿密に計画して社長殺害を敢行。
逃げる途中に社内のエレベーターに閉じ込められた。
あなたならどうするか？

『死刑台のエレベーター』（*L'Ascenseur pour l'échafaud*）
監督　ルイ・マル（Louis Malle）
出演　ジャンヌ・モロー（フロランス）
　　　モーリス・ロネ（ジュリアン）
　　　リノ・ヴァンチュラ（刑事）
1958年　フランス　91分

1957年　ルイ・デリュック賞
フランス封切り1958年２月
フランス国内観客動員数191万3282人
パリ観客動員数65万309人
（*Ciné-Passions Le guide chiffré du cinéma en France,* 2012, Dixit）

危険な愛の涯てにあったものは……――作品解説

冒頭に流れるマイルス・デイヴィスによる気怠いテーマ曲、愛し合う男女がスクリーンのフレームのなかに現れるのは皮肉な一瞬……。映画を見るという醍醐味を目いっぱいに体現した本作『死刑台のエレベーター』は、血気に逸る新人監督によって撮られた野心作にして、映画の愉しみを心ゆくまで味わわせてくれる一編だ。

パリのとある街角にある瀟洒な事務所。週末を前にした金曜日の夕刻の事務所内は、秘書がそろそろ帰り支度に入ろうとしていた。いましも社長の呼び出しを受けた主人公が、階上にある社長室に向かい、要件を済ませて戻って来た。ところが彼は、今度はなぜか事務所の窓の外に出て、ふたたび外からロープを伝い社長室に忍び入る。それというのも、秘密の愛にとって目障りな社長を亡き者にするためだった。細工は流々、そしてその仕上げも完璧……のはずだった。ふたたび窓を伝って自分の席まで戻り、秘書とともにエレベーター係に週末の別れのあいさつをして、事務所の外に駐車した車へ。が、ふと見上げた彼の目に映ったのは、あってはいけない窓外のロープ。急ぎ足で事務所内に戻った彼は、ふたたびエレベーターに乗り込む……。

周到に練り上げられた完全犯罪がもろくも崩れ去るかもしれない危険な瞬間、突然、訪れた危機に立ち向かう男の孤独な闘いと、それに応えようとするかのような女の一途な想いが、パリのさんざめく夜のなかに空しく交錯してゆく。

　本作の見どころは、不倫関係にあるふたりの男女の愛の行方と、男が犯した完全犯罪のほころびをじわじわと追い詰めてゆくパリ警視庁の刑事との、しかし、互いに交差することのない駆け引きだろう。そして、それをじんわりと盛り上げるマイルス・デイヴィスが即興で奏でた伝説のスコアとのからみ合い。監督のルイ・マルはこれが長編処女作だったのだが、そんなことなどみじんも感じさせない堂々たる演出ぶり。撮影当時、新進気鋭の若手二枚目俳優にすぎなかったモーリス・ロネをスターダムに押し上げ、すでにいくつかの作品に脇役出演していた女優ジャンヌ・モローを、名実ともにフランスを代表する女優のひとりへと導く口火を切った作品でもあった。ついでの話をしておくなら、監督のルイ・マルは本作と、これに続いて撮られた『恋人たち』（一九五八）で、ミューズである彼女の心をも射止めることになるのだった。

ルイ・マル監督『死刑台のエレベーター』（1958年）

　これに関連する物語はまたのちほど蒸し返すことにして、まずは本作の重要なポイントを見ておきたい。冒頭、いきなり主人公が迎える危機の瞬間が、まずもって最初のヤマ場でもあるからだ。

週末の誰もいないオフィスを守るため、ビル全体の電力がオフにされていたかつてのフランス。いまでは考えられないことだが、常時、電力を供給しておく必要のある電子機器もなければ警報装置もない時代なればこそ、不必要なオフィス用電源をオフにしておくのは理にかなったことだった。もちろん、休日出勤の要などもない時代のことだ。そのため、完全犯罪を帳消しにしかねない失策をなんとかリカヴァリーしようとして、運悪くエレベーターの電源が切られ、閉じ込められてしまった主人公の絶望感はいかほどか。秘密の恋人との逢瀬と逃避行の時間が迫っているのはもちろんのこと、この狭い空間から人知れず抜け出せる可能性があるのかどうか。孤独で、絶望的なまでの危機との闘い。エレベーターの隙間から落とした炎が、暗闇のなかに吸い込まれ、燃え尽きてゆくさまは、まさに希望が潰えてゆくさまを映像によって代弁しているかのようでもある。

だが、もちろん、危機に対してたやすく絶望してしまっては、そこでおしまい。あるかなきかの希望を持ち続けることこそ、もっとも大切なことだ。そうでなければ、映画も、そして人生もけっして続いてはゆかない。

本作のふたつめの見どころは、これと並行して語られる女性の側、つまり新たな男との人生の再出発を願った「彼女」の物語だ。

夜、待ち合わせのクラブに現れることがなかった男を探して、パリ中の心当たりある店を訪ね歩く彼女。裏切られたかもしれないなどと想像することすらなく、ただただ愛しい男の面影がちらつく夜のパリをさまよう女。モノクロームに明滅する光のなかで、シンプルでありながら気品にあふれたシャネル・スーツをまとったジャンヌ・モローのその姿は、天上から堕ちてきた天使の姿をもほうふつとさせ、その焦燥感が募りゆくにつれ、浮世離れした美しさを放ち始める。そう、監督のルイ・マルは、それまでパッとしなかった女優を、一輪の名花とすべく賭けに打って出たのだ。

「夜目遠目笠の内」とは、女性の思いがけない美を発見する一瞬のことを述べた言葉だが、映画の撮影には、さらに女優を引き立てるにはむしろ不利な夜の情景のなかにヒロインを置き、それまでの映画には見つけられなかったひとりの女性の、ずっと素通りにされてしまっていた、洗練された美しさを引き出し得たのだ。ひとりの女優の演出家として、監督ルイ・マルは、大きなリスクを背負いながら、それを成功へと導いたのだった。

だが、監督の賭けはこれだけに留まらない。再三、触れているマイルス・デイヴィスの起用もまた、大きなリスクをともなっていた。戦後のフランスは、ジャズ・エイジ＝一九二〇年代の狂乱の時代をしのぐジャズ・ブームを迎える。アメリカから数々のジャズ・ミュージシャンがパリを訪れ、サンジェルマンデプレのジャズ・クラブを中心にしてパリをジャズに染めていった。

一九五七年一一月、映画の音入れのためパリを訪れたデイヴィスは、あらかじめスコアを書くことなく、映画のシーンを見ながら、即興による一発録りを行った。その結果が、いまに残るあの印象的なインストルメンタル・ナンバー。通常の映画音楽という枠組みを破り、しかも当時はまだ可能性が追求され始めたばかりのジャズを前面にフィーチャーした映画スコアは、その後の映画音楽に決定的な影響をあたえるだけの爆発力を持っていた。だが、これらは監督ルイ・マルの危険を賭した演出の上に生まれたものだったことを忘れてはならない。

そして最後の見どころは……。犯人を黙々と追い詰めてゆくパリ警視庁の刑事の執念だろうか。彼もまた、最初に挙がった若い無軌道な恋人たちが犯人であるという大方の見方を退け、自身の直観にしたがって捜査の賭けに打って出る。次第にじわじわと証拠を集めて犯人像へと迫り、ひたひたと追い詰めてゆくそのたたずまいは、渋く人生をにじませた名優リノ・ヴァンチュラの寡黙な演技によって表出されていった。やがて、それは、恋人たちを撮った一枚の写真へと、彼を、そして観客を導いてゆく。そこに写っていたのは、それまでスクリーンのなかでともに幸福な時間を過ごすことができなかった恋人たち。完全犯罪の小さな、しかし命取りのほつれから引き裂かれていった恋人たちの愛し合うイメージだった……。

この小粋な、ケレン味たっぷりの仕掛けを、どう味わうべきものか。否、そんな理屈など遥かに置き去りにしてしまう、このおもしろさにまずは浸っていただきつつ、主人公たちと監督が賭けたものに思いをいたらしていただきたい。

（杉原賢彦）

『死刑台のエレベーター』に学ぶ

綿密なリスクマネジメントの後に突如遭遇した危機

『死刑台のエレベーター』では、冒頭に社長殺害が決行される。綿密な計画を練ったのは、社長夫人フロランスと、夫が経営する企業の従業員でかつてはインドシナ戦争で名を馳せたジュリアンだ。二人は不倫関係にある。想定されるリスクへの対応が完璧になされていく。まず発見が遅くなるように、週末を迎える金曜日の午後に決行する。ジュリアンは自分の階のベランダから錨付きのロープを使って上階のベランダに上り、そこから社長室に忍び込む。指紋が残らないように手袋をする。ピストル自殺に見せかけるために、社長夫人フロランスが自宅から持ち出した夫の銃が凶器に用いられる。ナイフを使って社長が内から施錠したように扉を閉める。決行前の電話でジュリアンとフロランスが交わした熱い愛情表現と反比例するかのように、沈着冷静に計画は実行に移される。完全犯罪実行に関わるリスクマネジメントは計画通りうまくいったかに見えた。

ところが、ジュリアンは、会社を出て、車に乗り、フロランスとの逢瀬に向かおうとした矢先、社長室のベランダに錨付きのロープがぶら下がったままになっているのを見つける。

急いで会社に戻り、ロープを取りに上がろうとエレベーターに乗った時、エレベーターの電源が切れ、閉じ込められてしまう。ジュリアンが乗ったことに気づかなかった守衛が電源を落としたのだ。

「ターニングポイント」「分岐点」「決定的瞬間」……これから見ていく、ありとあらゆる危機（クライシス）の語源的意味が当てはまる場面だった。

なお、この場面の撮影には、パリのモンソー公園に近い、クルセル通りとオスマン大通りが交差する角にあるビルが用いられた。*

* 鈴木布美子『映画で歩くパリ』新潮社、一九九二年。

クライシス（危機）とは

第一章で説明したように、リスクの語源は航海に関係している。一方、クライシスの語源は医学に関係している。語源的に、クライシスは、病気が回復に向かうか、悪化するかの分岐点（ターニングポイント）を意味する。つまり、「重大な局面」や「決定的瞬間」を表す。

リスクは損失発生の可能性、事故・災害発生の可能性だ。一方、クライシスは損失をもたらす事故や災害の発生がいよいよ間近に迫ってきた状況と、発生した直後の状況だ。

クライシスの語源

クライシスの語源は、ギリシア語の Krisis（決断）あるいは Krinein（決定、選別する）にあると言われている。この言葉は、良い方向または悪い方向への分岐点（Turning point for better or worse）、決定的瞬間（Decisive moment）、重大な時（Crucial time）などの意味を持つ。医学から出発して、クライシスという言葉は、心理学や精神医学の分野に導入された。そして、「重大な局面」という意味合いをもつようになり、危機を表す用語として一般化した。

Webster 辞典も、クライシスは病気が快方に向かうか悪化するかの分岐点を意味すると説明している。つまり、クライシスは、「病気が峠を越す」と言う場合の峠に相当する。以上から、クライシスという概念は分岐点となる重大な局面がどのように推移していくかという「移行」（transition）を示す概念であることがわかる（Delbecque et de Saint Rapt, 2016, p. 11）[*]。

＊　Eric Delbecque et Jean-Annet de Saint Rapt, *Management de crise*, Vuibert, 2016.

クライシスマネジメント（危機管理）──フィンクの理論

アメリカで最初のクライシスマネジメントの本を書いたのはフィンクだ[*1]。原発事故の経験に基づきフィンクは、一九八六年に『クライシスマネジメント』（*Crisis Management Planning for the Inevitable*）を発表した。同書は現在も版を重ねている。

フィンクは、クライシスマネジメントを次のように定義している。

クライシスマネジメント、つまりターニングポイントであるクライシスに対する計画は、多くのリスクや不確実性を取り除き、できるだけ自分の運命を自分でコントロールするための技術である。

フィンクは、医学的な語源を持つクライシスについて、医学用語を用いて、「前兆期」「急性期」「慢性期」「回復期」に分けて考えている。

① 前兆的危機段階（Prodromal crisis stage）
② 急性的危機段階（Acute crisis stage）
③ 休息的（慢性的）危機段階（Chronic crisis stage）
④ 危機回復段階（Crisis resolution stage）

クライシスマネジメントとは、「前兆」を経て、事故や災害が「急性的に」発生した場合、その「重大な局面」に対応し、状況が「沈静化」して「復旧」するまでのプロセスだと説明できる。*2

＊1 フィンクは、スリーマイル島原子力発電所事故の当時、ペンシルベニア州危機管理チームに所属していた。
＊2 Steven Fink, *Crisis Management Planning for the Inevitable*, iUniverse, 2002.（近藤純夫訳『クライシスマネジメント――企業危機といかに闘うか』経済界、一九八六年。）

危機管理とリスクマネジメントの違い

では、クライシスマネジメント（危機管理）とリスクマネジメントはどのように違うのか。

厳密に言うと、保険管理や安全工学を起源とするリスクマネジメントと、一九六二年のキューバ危機のような国家レベルの危機への対処を起源とするクライシスマネジメントは意味合いを異にする。リスクマネジメントの場合、事故防止や保険加入などの事前対策が特徴である。一方、クライシスマネジメントの場合は、事故や災害が発生した後の緊急事態への対処に特徴がある。

■事前のリスクマネジメント
・気づく力としての「リスク感性」の発揮
・リスクの洗い出し（リスクの特定・想定）
・災害対策、事故防止、保険加入、資金準備（リスク対応）
・安全管理計画、事業継続計画（ＢＣＰ）
・平常時からリスクを意識し訓練（シミュレーション訓練）

■事故切迫時・事故発生後の危機管理
・決断力としての「リスク感性」の発揮
・リーダーシップ・決断・コミュニケーション
・レジリエンス（乗り越える力）
・災害や失敗に学ぶ・同じミスをしない

日本における危機管理の考え方

日本の代表的な国語辞典の一つである広辞苑によると、クライシスの日本語訳である危機は、「大変なことになるかも知れない危うい時や場合。危険な状態」とされ、危機管理は「大規模で不測の災害・事故・事件等の突発的な事態に対処する政策・体制。人命救助や被害の拡大防止など迅速で有効な措置がとられる」とされる。

大泉光一は、研究者の視点から、クライシスマネジメントを「時と場所を選ばず思わぬ形で発生する危機を事前に予知・予防することであり、万一発生しても、素早い『初動対応』で被害（ダメージ）を最小限に止めること」と定義した（大泉、二〇一五、五八頁）。[*1]

一方、佐々淳行は、警察官僚としての実務家の視点から、クライシスマネジメントに関する研究の特徴を「①危機の予測および予知（情報活動）、②危機の防止または回避、③危機対処と拡大防止、④危機の再発防止という四つの段階に分けて、それぞれの段階で『何をなすべきか』を方法論的に事例研究する形で行われる」と述べた（佐々、二〇一四、一〇頁）。[*2]

*1　大泉光一・大泉常長・企業危機管理研究会『日本人リーダーはなぜ危機管理に失敗するのか』晃洋書房、二〇一五年。

*2　佐々淳行『定本　危機管理』ぎょうせい、二〇一四年。

危機管理（クライシスマネジメント）の起源――キューバ危機

今では、危機管理（クライシスマネジメント）は、個人レベルや日常レベルのことに使用されている。しかし、元来、一九六二年のキューバ危機を契機に、国家による緊急事態への対処の方法として概念が形成された。

キューバ危機は、旧ソビエト連邦（以下、ソ連という）がキューバに配備した中距離核ミサイルについて、アメリカがソ連に撤去を求めたことが発端になって発生した事件である。当時、アメリカとソ連の軍事的対立が先鋭化して、核戦争のリスクが最大化していた。一九六二年一〇月一六日に、アメリカの偵察機が核ミサイルのキューバ配備を察知した。キューバを空爆するかどうかの検討が重ねられ、一〇月二四日にキューバへ向かう船舶に対して海上封鎖と臨検が開始された。一〇月二七日にソ連のキューバ派遣軍がアメリカのU-2型偵察機を撃墜した。アメリカのケネディ大統領がソ連に警告を発したことで一気に緊張が高まり、全世界は核戦争の危機に直面した。ケネディ大統領の最後通告に対して、ソ連のフルシチョフ首相は一〇月二九日にキューバからミサイルを撤去すると発表した。ケネディ大統領のリーダーシップ、不退転の決意、迅速な行動と、フルシチョフ首相の土壇場での決断が、核戦争を未然に防止することにつながった。

危機に直面したジュリアン

映画に戻ろう。沈着冷静に社長殺害計画を実行に移したジュリアンだったが、思わぬ誤算があった。

社長を殺害し、自殺に装って、ベランダの手摺りにかけたロープを伝って自分の階のベランダに降りた時、秘書の女性がちょうど電話をかけてきたのだ。自分の部屋の電話が鳴っているのに気づいたジュリアンは急いでベランダから室内に入り受話器をとった。ところが、この時、慌てたことによって、ロープの後始末をすることを忘れてしまったのだ。

リスクの決定要因は、①時間の欠如、②情報の欠如、③管理の欠如、④感性の欠如、⑤コミュニケーションの欠如だ。インドシナ戦争の修羅場をくぐり、どんな場面でも冷静なジュリアンも、電話に出なければ疑われるという状況で、焦ってしまった。時間の欠如というリスク要因だ。

結果、ロープを残したことに気づき、それを取りに急いで会社に戻って、エレベーターに乗って上っていく途中、守衛が電源を切って、閉じ込められてしまった。これはとんでもない危機だ。エレベーターは完全に止まってしまい、脱出できない。

あらゆる危機に直面した時に共通して必要なことは何か。それは落ち着くことだ。ジュリアンがそうだ。彼は、どうしようもない危機においても、できることはないかと一つ一つ試していった。ライターで灯りをともし、持っていたナイフでパネルのネジを回す。上の方に隙間があく、しかし、そこに登る術がない。身体が通るかもわからない。携帯電話がこの時代にあれば、フロランスに連絡がとれるのだが。この時、待ち合わせに来ないジュリアンを探し求めてフロランスが門扉を叩く音が響く。「何してるの」と寄ってきた少女が落ちているものを拾い上げると、それは、ジュリアンが取りに行ったロープだった。落ちてきたのだ。さて、ジュリアンは心を落ち着けるために煙草を吸う。夜になり寒い。外は雨だ。ふと、吸い殻を集めて、絨毯をめくってみた。すると底板が出てくる。これを持ち上げると下が見える。下までの距離を測るべく、燃やした紙を落とす。今度はエレベーターのワイヤーにぶら下がり、足をくねらせ、下に少しずつ降りていく。ところが、ここで警備員が夜回りに来て、電源のスイッチを入れる。ワイヤーにぶら下がった状態のままのジュリアンと共にエレベーターが降下する。間一髪のところで警備員は再びスイッチを切り、エレベーターは止まる。ジュリアンは再びエレベーターに戻る。

ジュリアンがエレベーターに閉じ込められている間に、ジュリアンの車に乗った若い男女がドイツ人旅行者殺人事件を起こしていた。車の所有者であるジュリアンにドイツ人旅行者殺しの容疑がかけられる。そのため、休日だが、会社に捜査員が来た。会社の電源が入れられ、エレベーターが動く。ジュリアンは、煙草の吸殻を拾い集め、パネルを元に戻して、外へ出る。もしあなたがジュリアンなら、このどうしようもない危機で、これだけ落ち着いた行動ができるだろうか。

馴染みのカフェにジュリアンが行くと、みな様子がおかしい。隣の客が読んでいる朝刊には、ドイツ人旅行者殺しの容疑者としてジュリアンの写真が大きく掲載されていた。警官が駆けつけてジュリアンは逮捕される。

危機とジレンマ――クロスロードと決断

リスクマネジメントと危機管理では、ジレンマにおける決断を迫られることが多い。決断の分かれ

エレベーターに閉じ込められる場面に出てくるビル
（ジュリアンはテラスの手摺りにかけたロープを外し忘れる。パリ８区，クルセル通りとオスマン大通りの交差点にある。2021年10月，亀井克之撮影）

道（クロスロード）に立って、果たしてよりよい決断ができるのかどうか。

ジュリアンは究極のジレンマに直面する。エレベーターには「非常ボタン」があるが、押せば、エレベーター会社の担当者が駆けつけて、一体どうしてこんな時間にエレベーターに乗っていたのか疑われてしまう。警察の取り調べでは、ドイツ人旅行者が殺害された時間帯に何をしていたか問われても、まさか忘れたロープを取りに行ってエレベーターに閉じ込められたとは言えない。言っても誰も信じてくれない。危機は考えられないようなジレンマをもたらす。

最悪の事態の想定

では、危機に直面しても落ち着き、ジレンマに対処するためにはどうすればよいのか。それは、常日頃から、最悪の事態（ワースト・シナリオ）を想定して、そこから逆算してどうすればよいのかを日常的に考えることだ。このように書くのは簡単だが、これは容易なことではない。誰が、エレベーターに閉じ込められることを想定できよう。現実の出来事で言えば、誰が、現在の新型コロナウイルス感染症の流行を想定できたであろう。誰が、二〇〇一年九月一一日、ハイジャックされた飛行機が世界貿易センタービルに突っ込むことを想定できたであろう。誰が、二〇一五年一一月一三日、パリのバタクラン劇場で行われていたロックコンサートで、イスラム過激派が観客に銃を乱射する事態を想定できたであろう。

しかし、この映画のラストシーンでは、容易に想定できたはずの最悪の事態に至る。若いカップルがジュリアンの車に勝手に乗って、中にあったカメラを使って写真を撮影し、そのまま現像に出してしまった。写真には、仲睦まじく写るフロランスとジュリアンの姿も写っていた。二人が不倫関係にあることも、社長殺害の動機も明らかになる。

都合の悪い写真が人に見られるという事態は想定できた。熱烈恋愛中のジュリアンとフロランスには、想定できる最悪の事態に思いが至らなかった。刑事はフロランスに対して言う。

「写真にはネガがあるのをご存じですな。写真はまずかったですな」

Exercises

―歴史上の偉人や名経営者が危機に直面してどのように対処したか例を挙げよ。

―あなたがジュリアンなら、エレベーターに閉じ込められたらどうするか？

（亀井克之）

コラム③ パテとゴーモン、フランス映画の徴《しるし》

パラマウント、ワーナー・ブラザース、MGM、二〇世紀フォックス、RKO、コロンビア、ユニヴァーサル……栄華を誇ったハリウッド草創期のメジャー・スタジオたち。スタジオ＝映画製作会社は、各国の映画産業の要にして顔であり、同時に映画製作の揺りかごでもある。映画誕生の国フランスでも、さまざまなスタジオが栄華をきわめた。そのなかでも、映画誕生とほぼ同時期に設立されたのが、パテ社とゴーモン社の二大スタジオだ。

ゴーモン社は、映画誕生のまさにその年、一八九五年の設立。会社ロゴにも「depuis que le cinéma existe（映画が存在して以来）」と刻まれているように、リュミエール兄弟によるシネマトグラフが産声を上げたその年、レオン・ゴーモンによって設立されたのだった。

片やパテ社はその翌年、シャルルとエミールのパテ兄弟によって一八九六年に創設。風見鶏をスタジオ章にして、戦前のフランス映画ではおなじみの雄鶏とその鳴き声が、映画の開巻を告げた。

フランスを代表する両雄ではあるが、そもそもの出発点となった業態は、それぞれ異なっていた。ゴーモン社は写真関係の機材を扱う会社として出発。その折、クロノフォトグラフィ（連続した写真を撮ることが可能な撮影機）の取り扱いを開始し、そのデモンストレーションとして短編映画を制作。これに当たったのが、レオン・ゴーモンの秘書で、のちに世界最初の女性映画監督となるアリス・ギィだった。やがてゴーモン社は、一八九七年ごろから映画製作にも乗り出すこととなる。

ゴーモン社のなによりの自慢は、当時、世界最大級を誇った撮影所「シテ・エルジェ」をパリ一九区に建設、さらに収容人員六〇〇〇席を誇ったゴーモン・パラス座を一九一一年、モンマルトルに建造と、とにかくそのスケールの大きさだった。『ファントマ』シリーズ（一九一三～一四）で知られるルイ・フイヤード

レア・セドゥ主演，クリストフ・オノレ監督
『美しいひと』（2008年）

やアベル・ガンスなど、サイレント時代のフランス映画を支えた名匠たちを擁したが、トーキー時代の幕開けとともに次第にその勢いを減じてゆき、第二次世界大戦後を他業種への転換によってかろうじて生き延びる。そして一九七五年、実業家ニコラ・セドゥがゴーモン社の再建に乗り出し、ゴーモン社の第二章が幕開ける。

一方のパテ社は、グラモフォン（蓄音機）を扱う会社として出発。これで大当たりを取り、ゴーモン社と同じ一八九七年に映画製作を開始する。ゴーモン社と張り合うかのように映画館数を増やしてゆき、また機材販売にも力を入れていった。その結果、一時はヨーロッパにおける映画撮影機材の半分近くがパテ社のもので占められるまでになっていたという。

パテ社でもっとも有名なのは、家庭用撮影用フィルムの開発だろう。九・五ミリのパテ・ベビーは、誰でも手軽に撮れる映画撮影用フィルムとして、八ミリが登場する以前に世界的に普及していった。が、一九二九年にシャルル・パテは会社を映画プロデューサーだったベルナール・ナタンに売却。社名にはその名が残ったものの、ナタンによる経営は暗礁に乗り上げ、一九三五年には倒産状態に。なんとか資本融資を受けて最大の危機は脱するも、戦雲のなかでパテの不運は続き、ユダヤ人であったナタンは強制収容所送りとなってしまうという悲劇にも見舞われる。戦後も、パテ社の経営は厳しかったが、そうしたなかでも『天井桟敷の人々』を配給・上映し、またヌーヴェル・ヴァーグ作品の配給にも力を入れるなど、フランス映画界を下支えする存在としてフランス映画界に貢献した。その後、一九八〇年代末、イタリアの実業家ジャンカルロ・パレッティによる買収を受け入れる、が、これもつかの間。一九九〇年にはフランスのメディア王ジェローム・セドゥによって買収され、現在に至る。

さて、もうお気づきの方も多いことだろう。現在、ゴーモン、パテともに、セドゥ一族による経営下にある。女優のレア・セドゥという名に聞き覚えがある人なら、彼女もまた一族の出身だということをご存じかもしれない（ルイ・ヴィトンの広告塔としても活躍中だ）。ゴーモン社とパテ社は、二〇〇一年に共同で劇場経営に乗り出し「レ・シネマ・パテ＝ゴーモン」を設立。フランスのみならずヨーロッパ各国に配給・劇場網をもつ巨大企業として、映画界にいまなお君臨し続けている。

（杉原賢彦）

第4章
リーダーシップ

Leadership

世に名高き歓楽施設ムーラン・ルージュ。
あなたが興業主なら、
役者、歌い手、ダンサーたちをどのように遇するか？

『フレンチ・カンカン』(*French Cancan*)
監督　ジャン・ルノワール（Jean Renoir）
出演　ジャン・ギャバン（ダングラール）
　　　フランソワーズ・アルヌール（ニニ）
　　　マリア・フェリックス（ロラ）
1954年　フランス　104分

フランス封切り1955年５月
フランス国内観客動員数396万9258人
パリ観客動員数109万1724人
(*Ciné-Passions Le guide chiffré du cinema en France,* 2012, Dixit)

親方《パトロン》居ずしてムーラン・ルージュなく、主役《ヒロイン》なくして成功なし——作品解説

フランス映画史において、ジャン・ギャバンほど「親方＝patron《パトロン》」という尊称が似合う人物はいないだろう。「Oui, patron（はい、親方）」と言われて、むすっとしたまま軽くうなずくさまが、スクリーン上でこれほどしっくりくる役者はほかには見当たらない。そのなによりの証左が本作『フレンチ・カンカン』だ。

一九世紀後半、一八八〇年代とおぼしきフランス・パリ。のちにモンマルトルの象徴的存在となって一世を風靡することになるムーラン・ルージュができるまでのお話に着想を得た、艶やかでカラフルな色彩の乱舞に心躍るフレンチ・ミュージカルとして知られる本作。

映画にバックステージもの、つまり芸人たちの世界を舞台にした作品は数多いが（名作ミュージカルのほとんどがこのバックステージものに分類される）、いざこれから芸人、本作では数々の踊り子たちを育て、彼女たちを大輪の花と咲かせてゆく作品はそれほど多くないはず。それというのも、あまたの女性たちをどう遇するか、並の男にそのような曲芸めいたことなどできようもなく、有無を言わさず引っ張って、言葉を換えればリードしてゆく親方＝パトロンなど、見渡しても見つかることなど稀なことだ。誰しもそうなれる可能性は秘めているだろうことはあるのだろうが……。

さて、本作の筋立ては、すでに述べた通りにて、ひとりの興行師が、ただいま評判のモンマルトル

の酒場へと仲間たちとともに、ふと足を踏み入れるところから始まる。そこでは誰もが食べて飲んで、そして踊って、陽気に振る舞っていた。ダンスの輪に加わった興行師は、ひとりの勝ち気な女性と踊り、やがて彼女の飾らない振る舞いに魅了されてゆく。小柄ながら誰よりも快活でくったくがなくコケットリーな彼女の名は、ニニ。

ところで、興行師には大きな借金があり、その支払いの期日がいましも来ようとしていた。借金のカタで自分の店も手放さざるを得ないかもしれなくなり、いまやすっからかんの興行師ことダングラールは、起死回生の一発を求めてモンマルトルへ。昨夜の娘を探し当てた彼は、踊り子にならないかと誘いをかける……。

ジャン・ルノワール監督『フレンチ・カンカン』（1954年）

古き佳き時代のパリを再現して、下町人情をにじませてゆくフランス最大の名匠ジャン・ルノワールの演出手腕はもちろんのこと、興行の親方ダングラールを演じるジャン・ギャバンの男ぶりを抜きにしてこの映画は語れない。男盛りの下り坂にあろうとも、むしろそれがゆえに引き立つあたりは、本作と同じ年に製作されたこれまた代表作『現金に手を出すな』（一九五四）に並ぶ男っぷりをにぶくにじませて。

そして当然、ジャン・ルノワールについても。印象派の画家ピエール＝オーギュスト・ルノワールの次男として生まれ、サイレント時代に父親の絵を売って映画づくりに乗り出し、映画史に残る数々の名作――『素晴しき放浪者』（一九三二）、『ピクニック』（一九三六〜四六）、『大いなる幻影』（一九三七）、『ゲームの規則』（一九三九）などなどを送り出しながらも、第二次世界大戦後になかなか母国フランスで映画を撮ることができなかったルノワール。その彼にとっても、まさに自家薬籠中の時代を背景にした本作により、劇中のダングラールに勝るとも劣らぬ、フランス映画界への見ごとなカムバックを果たした作品でもあったのだ。

父ルノワールの絵の世界もかくやと感じさせる、下着姿に桃色の肌の踊り子の卵たちが、カンカン踊りの練習をする目にも綾なシーンはもとより、彼女たちの躍動する身体の魅惑。見ているだけではもったいない、自分もそのなかの人物になってしまいたいと思わせるような脈動と律動。人生とは、苦境がいくらあろうとも、辛酸をなめようとも、生きるに値するものであることを確信させてくれるのが、ルノワール作品の最大の身上でもある。

だが、それでも、いや、それだからこそ、苦難の瞬間に対する処し方がモノをいうのだ。そして本作の最大の見どころも、その点にあると言っていいのかもしれない。

物語の後半部、いよいよ店開き、ムーラン・ルージュの幕が上がるというその瞬間、カンカンのヒロインにして一座の華となったニニがだだをこねる。ダングラールが愛しているのは、自分だけではなかったことに気づいた彼女が、スネて楽屋に閉じこもってしまったのだ。この最大の危機にパトロンたるもの、どう振る舞うべきか。しかもこの場合、自分が蒔いた種が原因でもある。

けっしてその場を安易に取り繕わず、無言を貫いていた彼に対し、楽屋のドアを開けたニニは求める、「誠実さを」と。これに対するダングラールの返答は、彼自身の誠実な思いにあふれたものだった――。

「俺をかごのなかの鳥にしようっていうのか？　そんなことは無理だ。俺はダメになってしまう。俺を隠居させてしまいたいのか？　そんなことはゴメンだ、はっきり言っておく」と。

興行師として、興行の親方＝パトロンとして生きる彼自身の切実な、そして心からの真実の言葉が、ニニを、そしてわれわれ観客をも動かす。

「君の望みなど問題ではない。大切なのはお客を楽しませることだ」。

自らの人生において、またまわりの人たちにとってもっとも重要なことはなんなのか、プロ意識に裏打ちされたダングラールの言葉が響かないなら、この映画は意味を成さないし、見られる必要もない。親方として生きる気概と心意気を一気に語らせ、ダングラールの、ジャン・ギャバンの最大の見せ場となって心に残さないのなら。

そして、これはそのまま、監督であるジャン・ルノワールの心音と言い換えていいのかもしれない。

やがて大団円、老いも若きも男も女も、皆が皆、フレンチ・カンカンの魅惑にドキドキ・ワクワク、心を奪われる。楽屋脇でその響きを遥かに聴いていたダングラールの身体もその音楽に合わせ、楽しげに揺れる。これこそまさに人生の、けっして繰り返されぬ一夜かぎりの宴であると。

余談を並べてゆくと、ダングラールを演じた親方ジャン・ギャバンは、映画界入りするまではミュージックホールで活躍した芸人で、ダンスも歌もお手のもの。ニニを演じた女優フランソワーズ・アルヌールは、セクシー女優としてブリジット・バルドー登場以前のフランスのスクリーンをにぎわせていたが、本作をきっかけに演技派の女優へと脱皮していった。そしてなにより、ムーラン・ルージュの柿落としのシーンでは、エディット・ピアフやパタシューといった当時の名歌手らが、一九世紀の伝説的歌手を演じてゲスト出演している。いわば、フレンチ・エンタテインメントの粋が、ここに再現・披露されているのだ。

一九世紀後半、古き佳き時代のパリの雰囲気を、そのままセットに再現してしまったルノワール。父の名画「ムーラン・ド・ラ・ギャレット」をそのまま映画のなかに取り込んでしまったかのようなシーンもあればこそ、いまはなき時代へのノスタルジーなどという以上に、父親とその時代に敬意を捧げた作品だったのかもしれない。そして、と同時に、のちのジャック・ドゥミが『シェルブールの雨傘』（一九六四）で花開かせたフレンチ・ミュージカルの到来を予感させる作品でもあることを、つけ加えておこう。


（杉原賢彦）

『フレンチ・カンカン』に学ぶ

嫉妬リスク

『フレンチ・カンカン』では、パリの歓楽街モンマルトルの興行師ダングラールが発揮するリーダーシップが全編に渡り描き出される。リーダーとは、ビジョンを掲げ、組織を共通の目的へと導く存在だ。それゆえに、リーダーは注目され、尊敬される。一方で、妬まれることも少なくない。

この映画の影の主役は人間の感情の中でも一番厄介な嫉妬だ。ダングラールが危機に陥るのは実はすべて嫉妬に起因しているといっても過言ではない。度重なる破産の危機は、ダングラールがニニを登用したことに対するロラの嫉妬が引き金となった。トップダンサーとしてのロラのプライドが許さなかったのだ。さらにダングラールの寵愛を受けているロラの自負が許さなかったのだ。これは女性の嫉妬だ。

パン屋のポーロ、中東の王子、……ニニは、さらに、さまざまな男性に嫉妬の感情を引き起こした。ところが、ダングラールが自分とは別に新しい歌娘に寵愛を注いでいるのを見るや、今度は、ニニ自身が激しい嫉妬にかられる。ニニは大事な初日の舞台に上がるのを拒否し、楽屋に閉じこもってしまう。ニニがいないと呼び物のフレンチ・カンカンは盛り上がりを欠くことは必至だ。ニニの嫉妬でムーラン・ルージュの初日は危機に陥る。

現代社会のリスクマネジメントでは、目に見えないリスクに注意しなければならない。それは、新型コロナウイルスのような感染症であり、原発事故におけるような放射能であり、レピュテーション（評判）の低下であったりする。しかし何よりも厄介なのが、メンタルヘルスが不調であること、人間関係に起因する人間の感情など、心の問題だ。とりわけ嫉妬は、恋愛にとどまらず、組織内に影響を及ぼす。嫉妬に印を付けるようにこの作品を観ていくと、あらゆる場面で、物語の展開の起点になっていることに気が付く。

危機管理とリーダーシップ——都合の悪い現実に向き合えるか

『フレンチ・カンカン』における危機管理の決定的瞬間は、ダングラールの不誠実を糾弾し、ニニが舞台に立つことを拒否した場面だ。この時、ダングラールは、逃げ隠れせずに正面から堂々と、リーダーとして守るべきものは、個人の感情ではなく、組織なのだと、言い切った。

他にも、財政危機で、食事にかけるお金にも事欠き、残り物のクロワッサンを頬張っているところに、嫉妬にかられたパン屋のポーロが押しかけてくる場面がある。ここでも、ダングラールは逃げ隠れしなかった。堂々とポーロに向かい合い対処した。

ハーバード・ビジネススクールのリチャード・テドロー教授によれば、組織が危機に陥るのは、リーダーが都合の悪い現実を「否認」することが原因だ。危機管理に失敗する多くの組織において、部下が都合の悪い事実を報告するときに、リーダーは聞く耳を持たない。あるいは、正面から向き合おうとしない。

タイレノール事件

危機管理とリーダーシップの事例として、最初に学ぶべきはタイレノール事件におけるジョンソン&ジョンソン社の危機対応だ。これは、都合の悪い事実を否定することなく、先送りもせずに、素早く対応したリーダーシップの事例だ。

一九八二年九月二九日、シカゴ郊外の村で、一二歳の少女が死亡した。これを皮切りに、不審死が七件発生した。翌九月三〇日、医薬品メーカーのジョンソン&ジョンソン社の広報部長は、部下からの報告を受けた。連続不審死と、同社の花形製品である鎮痛剤タイレノールとの間に因果関係があるという噂が飛び交っているというのだ。すぐに最高経営責任者（CEO）のジェームズ・E・バーク会長に連絡が入った。

タイレノールの製造元は、子会社のマクニール・コンシューマー・プロダクツだった。状況報告を受けて、同社のデビット・コリンズ会長は、躊躇しなかった。九〇分後には、ジョンソン&ジョンソンの副社長と広報部長と共に、ペンシルバニア州の工場にヘリコプターで飛んだ。危機管理対策本部が設置された。

バーク会長はニュースに出演して、呼びかけた。

「国民の皆さん、我が社のタイレノールは危険です。服用しないで下さい。薬局・医療機関の皆さん、タイレノールをすべて撤去して、返品して下さい。異物混入に対する防御が十分な容器を開発するまで、タイレノールの再販売はいたしません」。

これは、経営トップから現場に至るまで浸透した確固たる経営理念が、リスクマネジメントや危機管理を支えた事例だ。ジョンソン&ジョンソン社の経営理念「我が信条（Our Credo）」に基づいて、企業としての社会的責任を果たすことが最優先された。危機の渦中にあって、「市民に信頼してもらうために、知っていることを話す、何か知りえたらすぐに話す」というコミュニケーション戦略が貫かれた。衛星放送を使った主要都市での同時放送、専用ダイアルの設置、新聞の一面広告、テレビ放映など、あらゆる手段が用いられた。メディアへの露出は、かつてのベトナム戦争の報道に匹敵する量となった。

ジョンソン&ジョンソン社の経営理念――「我が信条（Our Credo）」

第一の責任：我々の製品およびサービスを使用してくれる医師、看護師、患者、そして母親、父親をはじめとする、すべての顧客に対する責任。
第二の責任：全社員――世界中で共に働く男性も女性も――に対する責任。
第三の責任：我々が生活し、働いている地域社会、更には全世界の共同社会に対する責任。
第四の責任：会社の株主に対する責任。

同時に、新たなパッケージの開発に着手した。徹底的に異物混入を防ぐために「三層密閉構造」と呼ばれるパッケージを開発した。これは、その後、異物混入を防止する際の標準的な構造となった。ジョンソン&ジョンソン社の内部コミュニケーションも重視された。各部署にはビデオが送られ、従業員全員に手紙が書かれた。その中で、バーク会長は、この危機にどのように対処してきたか、これからどうするのかをきちんと説明した。

七人の人命が奪われ、三一〇〇万本の容器が回収されて一億ドルの追加費用がかかった。しかし同社に対する消費者の信頼感は向上した。従業員同士の絆も深まった。危機が発生した時、同社はそれを否定することなく受けとめた。社員たちは、自分の会社をさらに誇りに思うようになった。

事件の再発とリーダーのコミュニケーション

しかし、四年後に事件は再発した。一九八六年二月七日、二三歳の女性が、ニューヨーク州で、タイレノールのカプセル二錠を服用した後に急死したのだ。死因はシアン化合物であることが判明した。これを受けて、カプセル剤、錠剤を問わず、あらゆる形状のタイレノールのテレビCMが無期限に停止された。

バーク会長は記者会見を行なった。その場でカプセル剤タイプのタイレノールの製造および販売を完全に停止すると発表した。会見翌日、バーク会長はニュース番組でインタビューを受けた。記者は、被害者の母親が、決定は三年遅かったこと、最初の事件の時にカプセル剤の製造を中止していれば娘は死なずにすんだと発言していることを伝えた。バーク会長は答えた。

「もし私がお母様だったら、同じことを言ったでしょう。同じ気持ちだったでしょう。後悔先に立たずですが、当社があの時カプセル剤を市場に再投入しなければよかったと考えています」。

テドロー教授は、バーク会長のコミュニケーションを次のように分析している。

「バークは、生放送の番組内で、自分が経営者を務める企業の非を認めた。公人が平気で事実と異なることや嘘を語ることが当たり前の世の中にあって、都合の悪い事実を否認することを拒み、真実を語った。結果として、自らの会社のブランドを守ったのである*」。

＊　リチャード・S・テドロー、土方奈美訳『なぜリーダーは「失敗」を認められないのか』日本経済新聞社、二〇一一年。

人を育てるリーダーシップ

都合の悪い事実を否定しない、部下の報告に対して聞く耳を持つ、風通しのよい組織を作る。こうしたリーダーシップに加えて大切なのが、組織を構成する一人ひとりの人を大切にするリーダーシップだ。これは人材の適性を見抜き、適材適所に登用するところから始まる。

『フレンチ・カンカン』では、舞台の終了後に訪れたバーで、ダングラールは踊っているニニの姿を見て、隠れた才能を見抜く。翌日、モンマルトルの一角で偶然ニニを見かけたダングラールは、ダンサーとしてスカウトする。また、映画の後半で、たまたま近所の娘が鼻歌まじりに歌を歌っているのを窓越しに耳にしたダングラールは、その娘を歌い手に抜擢する。
ムーラン・ルージュの初日の出番を迎えた娘にダングラールは的確な助言をする。

現在のムーラン・ルージュ（2021年10月，亀井克之撮影）

「客に自分のために歌ってくれていると思わせるんだ」と。

緊張する初舞台だったが、娘は客のテーブルを回って、一人ひとりの客に話しかけるように歌っていく。ムーラン・ルージュの新たな歌姫が生まれた瞬間となった。

映画の冒頭では、自信なさげな若いパントマイム役者をダングラールは指導する。

「自信を持つんだ」「気配り、目配りでがんばれ」と。励まされたパントマイム役者は好演し、拍手を浴びる。

人の才能を見抜いて登用し、人を大切にするダングラールは言う。

「ここを家庭的な店にしたいんだ。みんなムーラン・ルージュの家族なんだ」。

ラストシーンで、ムーラン・ルージュ初日の舞台をダングラールは、舞台の袖から、そして客席に移動して見守る。自分が才能を見抜いてスカウトし、抜擢し、育て上げた役者、歌い手、踊り手たちが躍動する舞台を見るとき、聞くときのダングラールの嬉しそうな顔、そして微笑みが画面に溢れる。

組織のリーダーとして人を大切にすること。わかりきっていることではあるが、これは簡単ではない。強面のダングラールがラストシーンで見せる心優しい姿に、人を大切にするリーダーの一つの理想像が見てとれる。

ソムリエに喩えられるリスクマネジャー

映画の中で、ダングラールとニニが関係を深めるきっかけになる場面がある。出資者から資金を引き揚げられ、財政難となったダングラールは、常宿にしていたホテルから退去するよう告げられている。ところが、ニニが部屋でシャンパンを注文する。シャンパーニュ地方で作られる発泡酒は、フランス語で地方名通りシャンパーニュと呼ばれる。これはお祝いを演出するお酒であり、飲む人を幸せにするお酒だ。

栓を開けてクーラーに入れて運ばれてきたシャンパーニュの瓶をダングラールは手にする。するとシャンパーニュの瓶の抜栓をするところをパントマイムで演じる。二人の距離はぐっと近くなる。不運な時こそ王様気分でいたい。シャンパーニュはお祝いのお酒であり、同時に、ピンチを脱出しようとする人を激励するお酒でもあるわけだ。つまり、リスクマネジメントや危機管理を支える役割をこの場面で果たしている。これは、第六章『ポンヌフの恋人』でも、主人公二人がクリスマスイヴの夜に再会し、心を通わす場面でシャンパーニュが使われているのと同じだ。

ここでニニが「素晴らしいギャルソンね」と言うと、ダングラールは「ソムリエだよ」と言い放つ。ソムリエとは何か。レストランで客が料理に合ったワインを選ぶのを助ける仕事だ。客の好みや要望を把握する。客がどのような背景でレストランに食事に来ているのか踏まえて、その場面に適したワインを勧める。ワインに詳しくない客には、優しく教えるようにワイン選びを助ける。ワイン通の客には、プライドを傷つけないように、好みに合うようにワインやリキュールを選ぶ。アペリティフには、前菜には、メインには、チーズには、デザートには、食後酒には何を。レストランのオーナーや、料理のシェフが経営者だとすれば、ソムリエは大切な食事を支えるリスクマネジメント担当者（リスクマネジャー）のような存在だ。ソムリエは、リスクマネジメントで重要となるコーディネーション（調整）を担っている。

ダングラールがこの場面で表現した「ソムリエ」という言葉には、コーディネーション（調整）を担うリスクマネジャーの役割を感じ取れる。

ダングラールの言葉

この作品の最後には、フランス映画としては珍しい一大ハッピーエンドとして、一〇分間に及ぶフレンチ・カンカンの場面が待っている。踊り狂うダンサーたち。熱狂する観客。吹っ切れて踊り舞うニニの笑顔。大団円。だからあえて繰り返そう。危機に堂々と向かい合ったダングラールの言葉を。

ニニ「（舞台に立つには）一つ条件があるわ。彼の誠実さよ」。

ダングラール「俺をかごの鳥にしようってのか！　それは無理だね。俺はダメになってしまう。隠居して欲しいのか」。

「恋人なら殿下を選べ。夫ならポーロを選べ」。

「俺に大切なのはスターを作り続ける事。それは君だ。彼女だ。ほかにもいるだろう」。

「君の望みなど問題じゃない。大切なのは客を楽しませることだ」。

「悲しいのは客が怒るからじゃない。いい団員を失うからだ」。

「団員じゃないなら出ていけ！」。

（亀井克之）

Exercises

部下は気兼ねなく報告し、リーダーは聞く耳を持つ。風通しの良い組織を作るにはどうすればよいか。リーダーのコミュニケーションはどうあるべきか？

あなたがダングラールなら大事な舞台に立とうとしないダンサーにどう対応するか？

コラム④ フランス映画と名台詞——字幕翻訳家の世界

「好いた者同士には、パリの街は手狭なもの」——『天井桟敷の人々』の冒頭部に登場するこんな台詞を覚えている人もいるかもしれない。ハリウッド映画より以上に、名台詞に事欠かないのがフランス映画だ。

それもそのはず、通常、映画や演劇は脚本家がいて、脚本家が筋立てはもちろんのこと人物たちの台詞を考えるのが通例となっている。ところが、フランス映画にかぎっては、脚本家とは別に、登場人物たちが口にする言葉＝台詞だけを担当する役職＝台詞作家（ディアロギスト）が存在しているのだ。

この台詞作家としてもっとも著名だったのが、詩人としても知られたジャック・プレヴェールであり、風刺雑誌「カナール・アンシェネ」で人気を博したジャーナリスト出身のアンリ・ジャンソンだったり、あるいはベルギー出身でジャン・グレミヨン作品やジャン・ルノワール作品で活躍したシャルル・スパークだったり、あるいはのちのヌーヴェル・ヴァーグたちからつるし上げを食らったジャン・オーランシュとピエール・ボストであったりする。彼らは、物語の筋立てより以上に、人物たちが話す言葉に気を配り、それらを詩的に洗練させることで、一九三〇年代から四〇年代の詩的レアリスムの時代のフランス映画、すなわちフランス映画がもっとも小粋で洒落ていてパリっ子気質を前面に打ち出していた時代にあって、そのイメージづくりを台詞によって貢献したのだった。

ところで、もともとフランス文学には、アフォリズム（警句）文学ともいうべきジャンルが存在する。ラ・ロシュフコーの『箴言集（格言集）』（一六六四）やジャン・ド・ラ・ブリュイエールによる『カラクテール（人さまざま）』（一六八八）などがその典型だが、日本でもよく知られたところでは、ジャン・コクトーも警句集を上梓している（「青年は確実な証券を買ってはならない」等々）。その伝統が、映画にも受け継がれていると言っていいのかもしれない。その場に合った気の利いた言葉をピシッと発することによって人物の深みと作品の奥ゆかしさをこめていると言うと言い過ぎになってしまうだろうか。

ところが、この名台詞をどう字幕として表現するのか、それが日本では最大の問題点ともなる。もともとフランス語は短い言葉でたくさんのことをしゃべらせる、つまり言葉のなかにいくつかの意味合いを含ませることが得意な言語でもある。たとえば、フランス人がもっともよく使う言葉のひとつ「ヴォワラ！（Voilà）」には、「はい、どうぞ」から「ご覧なさい」「ほら、どう?」など、シチュエーションによって解釈はさまざま（日本語の「どうも」にも似ているかもしれない）。二重の意味や掛詞など、探していたらキリがなく、それをうまく利用して台詞に仕立て上げるのが、台詞作家の最大の腕の見せどころでもあるわけだ。

しかしながらこのとき、字幕翻訳においてはいくつかの破ってはならない制約が足かせとなってくる。まず、台詞一秒あたりの文字数は四文字に抑えるべし。つまり、台詞が一二秒続くなら、その台詞は四八文字が妥当だということになる。

次に、一画面に収められる文字数は、通常、縦書きだと一一文字、二行まで、横書きだと一四文字、二行までと定められている（若干の異動はあるが）。たったこれだけのます目にどう台詞を配置するか。それが字幕翻訳家にとっての最大の腕の見せどころともなるわけである。名画の陰に名字幕あり。日本のフランス映画受容は、類稀な字幕翻訳あってのおかげでもあったのだ。

（杉原賢彦）

第5章

リスクテーキング

Prise de risque

もし飛行士だったら凱旋門の下をくぐって飛ぶか？
もしエンジニアだったら自動車産業の改革を目指すか？

『冒険者たち』（*Les Aventuriers*）
監督　ロベール・アンリコ（Robert Enrico）
出演　ジョアンナ・シムカス（レティシア）
　　　リノ・ヴァンチュラ（ローラン）
　　　アラン・ドロン（マヌー）
　　　セルジュ・レジアニ（墜落機のパイロット）
1967年　フランス　113分

フランス封切り1967年２月
フランス国内観客動員数312万412人
パリ観客動員数65万3521人
（*Ciné-Passions Le guide chiffré du cinéma en France,* 2012, Dixit）

青春とは、命がけのリスクを背負ってこそ輝くもの――作品解説

フランスの詩人ジャン・コクトーによる警句にこんなのがある――「青年は確実な証券を買ってはならない」（「雄鶏とアルルカン」、『エリック・サティ』所収、佐藤朔訳、深夜叢書、一九七八年）。コクトーがいわんとしていることは、「将来を保証された安寧とした青春時代を過ごすのではなく、自身の可能性を試してみるべきだ」ということだ。若者たる者、未来にあるかもしれない可能性を自ら摘んでしまうようなことはするべからず。いや、そんなような輩には未来もへちまもない……ということでもある。

ロベール・アンリコによる本作『冒険者たち』は、明日を夢見る若者たち（ひとりは少し先輩格であるが）が、糞くらえな現状打破を目指して一攫千金を求め、冒険の旅に出る。たとえその先に苦い現実が待っていようとも！　そしてそこから、ひとつのまばゆい伝説が生まれる……そんな映画だ。

主人公たちは、男ふたりに女ひとり、微妙な三角関係を予想させながらも、男たちに年齢差をつけるという、フランス映画伝統の人物配置。そろそろ中年にさしかかりつつある（けれどなかなかに渋い）レーシングカーのメカニックであるローランと、好男子ながら（あるいはそれゆえに）手が速く、しかも野心家の飛行機乗りマヌー、そしてまだ駆け出しの前衛的彫刻家である紅一点レティシア。ある日、ふとこの三人が出逢ってしまったことから、二度と来ない青春の冒険物語が始まる。とりわけ、

それまでまったく縁がなかった、レースに賭ける男たちの世界を知ったレティシアが、ふたりの世界に魅惑されてゆきながらも、ふたりのあいだにぴったりと収まって絶妙なトリオをあやなしてゆくさまは、のちの映画や小説にも大きな影響を与えていった。

監督は、当時まだ新鋭だったロベール・アンリコ。フランスに吹き荒れたヌーヴェル・ヴァーグ熱のただ中で映画監督デビューを飾ったのち、その余韻が残る一九六〇年代、次第に強まってゆくカウンター・カルチャー時代の波に乗って、みずみずしい息吹きと、スマートにそれでいてチャレンジングな精神にあふれた本作を送り出し、彼にとっても最大の代表作ともいえる一編となった。

ロベール・アンリコ監督『冒険者たち』（1967年）

物語の始まりは唐突だ。パリ凱旋門の下を飛行機でくぐり抜け、それを撮影するのに成功すれば多額の報奨金を得られる……という仕事を請け負ったマヌー。ちなみに依頼主は映画プロデューサーで、しかもなにやら日本人らしい名前の人物。マヌーはメカニックである友人のローランの協力のもと、この難仕事に臨む。そして、いざ、撮影当日、凱旋門には門全体を覆うほどの旗がかかっており、危ういところをレティシアの機転で難を逃れる。ところがその後、もともとそんな仕事などなく、同じ飛行機クラブの仲間による悪戯だったと判明し、しかもマヌーはパリのど真ん中で危険飛行を行ったことを理由に、パイロット資格を剥奪されてしまう。住むところもままならなくなったマヌーは、ローランがひとり住まいをしているガレージへと転がり込んでくる。と、そこでは、レティシアが前衛彫刻を制作中……。

こうして三人の関係がなんとなく始まってゆくのだが、新しいエンジンを搭載したレースに賭けていたローランもまた、エンジン開発に失敗して大クラッシュを起こしてしまい再起不能に。マヌーとともに一攫千金を狙った賭博場でも負けが込んで大損を被ってしまう。そしてレティシアもまた、意気込んで開いた個展が一見、大成功のように見えたが、さんざんな評価に意気消沈（個展のシーンは表紙カバー写真も参照）。

人生最大の危機をそろって経験してしまった三人は、マヌーを騙した張本人からもたらされた、アフリカ・コンゴ沖の海底に沈んだままとなっているお宝の情報に再起を賭けることにする。そしてパリからコンゴへと渡った三人は、首尾よく財宝を手に入れるのだが……。

リスクを背負ってこその成功と栄光を体現した作品ではある。だが、その甘さはつかの間のものかもしれず、人生の苦さを最後に用意しつつも、それでも忘れることなどけっしてできない輝きを、そしてそれらを一瞬でも経験できた者たちの幸運と幸福を、映画はじんわりと見せてくれる。

なにより、やったより、やらなかったことの後悔のほうが罪深いのだと——。

なにより魅惑されるのは、コンゴ近海の海で財宝探しをしながら、浮世離れした日々を過ごす三人の晴れやかな姿だ。海と女とふたりの男と。奇跡的なバランスのうえに築かれたつかの間の、しかし輝かしい日々の永遠の儚い美しさ、これを体験せずして青春などという言葉はあり得ないし、空しい。青春の光と陰の「光」の部分――（なによりそれを劇中、そっと明かしているのは、フランソワ・ド・ルーベによるふたつの相反する、それでいて耳に残るテーマ曲だ）。

冒険と成功は、失敗と紙一重であり、その危険を背負う勇気を持つ者だけが、成功を手にすることができるのだ。その後の歓びも悲しみも、すべてその人のものであり、誰にも奪うことはできない。

ロベール・アンリコの作品は、どれもこうした一瞬の輝きに満ちている。一九六〇年代の、すべてがまだこれから始まろうとしていた時代の躍動がほとばしっているのだ。

だが、その一方で本作は、人生はそれだけではないこと、危険のもうひとつの貌《かお》をも明らかにする。人にはどうにもならず、ほろ苦く、辛く、孤独にさいなまれるとき。そうだからこそ、人生は尊いものであり続けるのだと――。

ところで本作には、もう一編の姉妹編、あるいは後日譚めいた作品がある。本作『冒険者たち』は、脚本にも参加しているジョゼ・ジョヴァンニによる小説にもとづいているのだが（より正確には「インスパイアされた」）、彼にとってはもっと無骨な男臭い世界こそが冒険の舞台だった。というのもジョヴァンニは、第二次世界大戦中にレジスタンス運動に参加したのち、自ら危険を求めてギャングに転じ、死刑になる寸前までいったところを恩赦を受け、その後、作家として、また映画監督として数々の名作を残してきたという筋金入りの人物だったからだ。

ジョヴァンニは本作の後日譚ともいうべき作品『生き残った者の掟』を書き上げ、そして自らの監督処女作とした。主人公たちも、いかついばかりの男たちに替えて。ちなみについでに触れておくと、マヌーもローランも、彼の処女小説『穴』の人物たちの名であり、脱獄不可能と言われたフランス・サンテ刑務所から脱獄を試みた、つまりは人生を賭した危険に挑戦した男たちのその後の姿だった。ジョヴァンニにとって『生き残った者の掟』（一九六七）は、作家から映画監督へという一歩を踏み出させるきっかけとなった作品であるとともに、映画のなかで、自らのものだった人生の断片を、映画のなかでふたたび生きながらえさせられるということを発見した作品ともなったのだ。

『冒険者たち』に魅せられ、自らを冒険者として旅立っていった者たちは数知れない。後半に登場する印象的な海上要塞フォール・ボワイヤールを目指して、あるいはまだ見ぬ未来を目指して、レティシアの面影に誘われるままに。そう、もしこの映画がなければ、たくさんのポルコ・ロッソたちが空へ、世界の涯てへと飛び立つことはなかったかもしれない——。


（杉原賢彦）

『冒険者たち』に学ぶ

リスクを「回避」するのか「保有」するのか

『冒険者たち』では、主人公たちはリスクを「回避」せず、積極的に「保有」する。つまりリスクをとって挑戦する。マヌーは凱旋門の下をくぐり抜ける飛行を試みる。ローランは高速エンジン開発に心血を注ぐ。レティシアは車の廃材を用いたアートを制作する。そして持てる資金を投入してきらびやかな個展を開催する（表紙カバー写真）。一攫千金を狙って、三者三様にリスクをとって新たなことに挑戦する。結果、三人とも失敗してしまう。マヌーの場合は、生涯にわたって飛行士免許を取り消されるという代償を払うことになる。しかし、映画のタイトル通り、三人は諦めず、今度はコンゴの海に沈む財宝探しの冒険旅行に出る。

では、リスクテーキングとは何か。

伝統的なリスクマネジメント理論では、リスクは純粋リスクと投機的リスクとに分類される。純粋リスクは、予防すべきリスク（ミス、ヒューマンエラー、ルール違反など）と外襲的リスク（自然災害、環境急変など）に分かれる。一方、投機的リスクとは戦略リスクだ。これは、投資や新規事業など、利益と損失の両方の可能性がある場面で、我々が受け入れる損失の可能性だ。つまり利益・成功を目指して行動を起こす時に損失や失敗の可能性としてのリスクを受け入れる。こうした場合に、「リスクをとる」あるいは「リスクテーキング（リスク負担）」と言う。リスクテーキングとは、失敗を恐れず、成功を目指して挑戦する決断にほかならない。

アメリカのCOSOによるリスクマネジメントの規範であるERM（Enterprise Risk Management）は、二〇一七年に改訂された。そこでは、リスクの総量である「リスク選好」に対して、最大限受容できるリスクについて、「リスク・アペタイト（リスク・キャパシティ）」という表現を用いている。これはどの程度までリスクをとれるかを示す。

偶発的に発生する純粋リスク（事故・災害）と異なり、投機的リスク・戦略リスクは、決断に伴い受容されたリスクだ。これは投資のように総額を限定することが可能だ。そして決断によって、自ら負担したリスク（自分で作ったリスク）だ。だから、保険の対象にはならない。

リスク・アペタイトを見せる経営者

『冒険者たち』の主人公たちはリスク・アペタイトが豊富だ。経営者でリスク・アペタイトが旺盛な人物と言えば、世界最大のブランド・グループであるLVMH会長のベルナール・アルノーがいる。彼は、フランスのトップ校エコル・ポリテクニークを卒業後、父が経営する建築会社に就職した。米国滞在後の一九八四年にクリスチャン・ディオールを傘下に持つフィナンシエール・アガシュ社を再建した。翌年、ディオール社の社長に就任した。そして一九八九年LVMH（ルイ・ヴィトン、モエ・ヘネシー）の内紛に乗じて一気に経営権を掌握し、会長に就任した。その後、リスク・アペタイトを発揮して、ターゲットにしたブランドを次々と買収していき、現在のブランド王国を築いた。その陣容は、クリスチャン・ディオール、ルイ・ヴィトン、ジヴァンシー、ブルガリ、フェンディ、セリーヌ、ロエベ、モエ＆シャンドン、ヘネシー、ケンゾー、TAGホイヤーなどのブランドに及ぶ。ベルナール・アルノーは言い放つ。

「企業家にとってリスクを冒すことは呼吸のようなものだ。生命を維持し、生き延びるためには欠かせないものなのだ。その上、チームを率いて世界中に進出するようになれば、賭金とリスクが大きくなるだけ一層感動も大きくなる」[*]。

＊ Bernard Arnault, *Passion créative*, Plon, 2000.（杉美春訳『ベルナール・アルノー、語る』日経BP社、二〇〇二年。）

決断の二つのアプローチ

意思決定には、Right or Wrongの決定とGood or Badの決定がある。前者が1＋1＝2というような合理的決定であるのに対して、後者は、場合によっては1＋1＝3でもよいという主観的で価値主導的な決定だ[*1]。サイモンは、前者を「事実前提」に基づく意思決定、後者を「価値前提」に基づく意思決定とした[*2]。不確実性下においてリスクをとるという意思決定は、後者の価値前提的意思決定になる。両者の違いについて、奥村昭博教授は次の様に述べている。

「事実前提に基づく決定は、サイエンティフィックで、合理性を追求しているため、できるかぎり数値化しようとする。その結果、リスク・ミニマムを追求することになる。しかし、真の戦略的決定が問題とするのは「賭ける価値があるリスクかどうか」だ。もし賭ける価値があると、主観的に判断すれば、それがリスク・マキシマムであろうと決定する。これが「決断」である。」*3

リスクテーキングの決断も、合理的な分析型のアプローチと、直観的なプロセス型のアプローチ（感性的アプローチ）の二つがある。しかし、リスクや危機に直面した場面では、時間と情報が欠如している。それゆえ感性的アプローチが重要となる。その際、発揮されるのがリスク感性だ。

意思決定の二つのアプローチ

■合理的・理性的アプローチ
・Right or Wrong の決定　・1＋1＝2という合理的決定　・事実前提に基づく決定
・科学的で合理性追求　・リスク・ミニマムを追求
・問題発見・策定・選択という段階を合理的・論理的に進行
・個人的な意向、組織内の政治問題、感情的な対立などは考慮されない
・データの合理的分析に基づく

■直観的・感性的アプローチ

・Good or Bad の決定　・場合によっては1＋1＝3となるような主観的で価値主導的決定
・「賭ける価値があるリスクかどうか」が重要
・賭ける価値があると主観的に判断すれば、リスク・マキシマムであろうと決定
・個人や組織の特性を活かすことに着目し、創造性重視　・イノヴェーションの創発に有効
・リスク感性の発揮

（奥村昭博『経営戦略』日本経済新聞社、一九八九年。）

リスク感性の向上方法

リスク感性とは、リスクの特定・想定・対応手段の決定についての合理的・理性的な判断を支える、直感的な意思決定の能力だ。これは、災害などの事象発生前は、リスクを嗅ぎ分ける「気づく力」だ。事象発生後は危機に立ち向かう「リーダーシップ・決断力」だ。

一般にリスク感性を磨く方法として、次の三点が挙げられる。

リスク感性の錬磨

自分の専門分野について徹底的に探求・習熟した上で、

① 異文化に触れる：全く異なる分野・立場・年代の人物との交流、未知の土地に行く、海外

の文化に触れる、海外旅行をする。

②　アートに触れる・スポーツに触れる：絵画、映画、音楽、演劇を鑑賞する、文学や詩を読む、芸術を制作する、音楽を演奏する、歌う、演じる、スポーツを視る、スポーツを行う。

③　決断に触れる：歴史上の人物が危機に直面してどのような決断をしたかについて学習する。

＊1　奥村昭博『経営戦略』日本経済新聞社、一九八九年、六九頁。

＊2　Herbert A. Simon, *Administrative Behavior, 3rd edition,* The Free Press, 1976.（松田武彦・高柳暁・二村敏子訳『経営行動』ダイヤモンド社、一九八九年、五六～七二頁。）

＊3　奥村昭博、前掲書。

「エスパス」のケース――リスクを「保有」したルノーと「回避」したプジョーの明暗

リスクの回避と保有を語るうえで、典型的なケーススタディとして、フランスの自動車業界における、ルノー「エスパス」のケースがある。リスクをとったルノーとリスクをとらなかったプジョーで明暗が分かれた事例だ。独創的な新製品開発に伴うリスクを「回避」するのか、「保有」するのか。

ヨーロッパで初めてのミニバン車の開発を手がけたのが、フランスで、ルノー、プジョー、シトロエンに次ぐ存在のメーカーだったマトラ自動車だ。宇宙・航空・軍事事業を展開するマトラ・グループは、フランス産業界の一大リスクテーカーであるジャン＝リュック・ラガルデールが一代で築き上げた。ラガルデールは、出版社のアシェットなどを傘下に収め、メディアへの多角化にも成功して、巨大なコングロマリットとなった。

ラガルデールは、一九六四年にレーシング・カーで著名なルネ・ボネを傘下に収めることを決断し自動車事業に進出した。マトラは、レース事業に注力し、一九六九年に参戦わずか二年目にして、F1コンストラクターズ・チャンピオンとなった。さらに、一九七三年から一九七五年まで三年連続して、ル・マン二四時間耐久レースを制覇した。しかしモータースポーツでの華々しい名声とは裏腹にマトラの自動車部門は経営難に陥った。マトラは、紆余曲折を経てプジョー・グループと提携することとなった。『冒険者たち』が製作された時代、マトラ自動車はまさに疾走していた。『冒険者たち』で、ローランが着ているレーサー服に「マトラ・スポーツ」のロゴが入っている。

さて、一九八〇年代初頭、マトラは、家族での旅行やレジャーに適した室内高があり荷物も運べるミニバン車の共同開発をPSAプジョー・シトロエングループに提案した。このようなタイプの車は当時は存在しなかった。しかし、プジョーはそのような珍しいタイプの車は売れないと考えて、その話を断った。リスクを回避したのだ。

そこでマトラは、今度はルノーに同じ提案をした。ルノーは、リスクをとって、共同開発に乗り出した。こうして誕生したのが、「エスパス」だ。

ルノーと提携し、マトラ自動車は、ロモランタン工場で、欧州初のミニバン車であるルノー・エスパス生産に乗り出した。マトラ独自のプラスチック加工技術を用いてボディを製造し、ルノーが機械部分を製造する形がとられた。プラスチックによるボディ加工は、コストがかからず、ミニバン車という ニッチ市場向けの少量生産であっても採算がとれた。

一九八四年に発売されたルノー・エスパスはヨーロッパでミニバン車の市場を創造した。一九九〇年代に入るまで、他の追随を許さず欧州でミニバン車市場をほぼ独占する大成功を収めた。

一方、プジョーは、リスクを回避したために、一大チャンスを逃し、ミニバン車を開発するのに、その後一〇年を要することになった。これは、「負わないことによるリスク」の典型例となった。リスクの回避が、便益の放棄にもつながる事例だ。

マトラ自動車の最期

この事例には続きがある。ルノーがエスパス第四世代の生産を二〇〇一年よりサンドゥビル工場に移管した。マトラのプラスチック加工技術は用いずに、従来の自動車同様に鉄のボディで生産することにしたのだ。エスパス生産がなくなったマトラは代わりに未来的なデザインのルノー・アバンタイムの生産を開始した。しかしアバンタイムは市場に受け入れられなかった。二〇〇三年二月二六日、ラガルデール・グループは、自動車部門であるマトラ自動車のロモランタン工場におけるアバンタイムの生産停止を発表した。これはマトラにとって四〇年に及んだ自動車部門からの撤退を意味した。自動車部門に幕が引かれた翌月の三月一四日、戦後のフランス産業界が産んだ最高のアントレプレナーでありリスクテーカーだったジャン＝リュック・ラガルデールが、医療事故により唐突に七五年の生涯を終えた。投機的リスク、すなわちロスとゲインの間で揺れ動くリスクテーキング（リスクをとる決断）を体現した人生だった。

リスクの回避と保有をめぐって揺れ動いた、マトラとルノーによるエスパス開発は、戦略的提携に基づく市場創造の成功事例として語られてきた。しかし、最終的には、マトラ自動車操業停止という結末を迎えるに至ったのだ。

ルノーは、一九八〇年代初頭、大きな経営危機に直面していた。にもかかわらず、ミニバン車市場の将来性を見据えて、エスパスという独創的新製品を開発するリスクを保有した。ルノーがとった行動は、リスクを十分に認識した上で、あえて保有する「リスクテーキング」だった。

ルノー「エスパス」のケースから現在

なお、その後もフランス自動車業界では危機と再生が繰り返された。ルノーはその後、日産と提携し、カルロス・ゴーンの拡大路線で一気に巨大グループにのし上がった。しかし、二〇一八年ゴーンが背任容疑で逮捕され退任すると、拡大路線が残した負の遺産に苦しんでいる。一方、ルノーの躍進とは裏腹に一時期経営危機に陥っていたプジョーは、経営を再建し、二〇二一年一月ＦＣＡ（フィアットクライスラー・グループ）と経営統合した。グループ名を新たにステランティスとし、欧州最大の自動車グループに躍り出た。同一ラインにおける複数ブランドの製造を効率的に行い、コロナ禍においても業績好調だ。

レティシアが住むことを夢みた要塞島フォール・ボワイヤール
（1983年８月，亀井克之撮影）

さて、二〇〇三年、マトラ自動車の廃業と、創業者ジャン＝リュック・ラガルデールの急死後、ラガルデール・グループは長男のアルノー・ラガルデールが経営を引き継いだ。アルノー・ラガルデールは、メディア、出版、旅行事業に注力した。しかし、その手腕は創業者である父親とは比較にならず、グループの経営は不振に陥った。二〇二〇年、父親の友人であったＬＶＭＨのベルナール・アルノー会長が救済のために出資することとなった。さらに二〇二一年には、運輸・ロジスティクスのボロレ・グループがラガルデール・グループを傘下に収めることとなった。

中国の古典『貞観政要《じょうがんせいよう》』は「草創《そうそう》と守成《しゅせい》のどちらが難しいか」と問いかける。つまりリスクをとって起業するのと、事業の承継に関わるリスクに対処していくのはどちらが難しいのか。『貞観政要』では、リスクをとって新しいものを築き上げるのは困難を伴うが、それにも増して、それを守り、維持し、継承していくことが難しいと説く。アルノー・ラガルデールが失墜し、ラガルデール・グループが独立性を失った二〇二一年の動きは、戦後フランスが産んだファミリービジネスの失敗、事業承継の失敗の最大の事例の一つとなってしまった。

『冒険者たち』の夢の跡――負えるリスクだったのか

リスクテーキングの基準として、ドラッカーは、「負うべきリスク」「負えるリスク」「負えないリスク」「負わないことによるリスク」の四つに分類した。[*1]「負えるリスク」なのか、「負うべきリスク」なのか、「負わないことによるリスク」なのか。

『冒険者たち』の三人によるコンゴの海に沈む宝探しの旅は果たして「負える」リスクだったのだろうか。この作品のターニングポイントは、個性派俳優セルジュ・レジアニ演ずる、財宝を積んで海に墜落した飛行機の元パイロットで、事故を生き延びた男が三人の船に乗り込んできた場面だ。ローランとマヌーが宝探しのダイビング中、レティシアは船の上で食事の用意をしていた。すると港から泳いできた男が船に上がり、レティシアの背後から忍び寄ってきたのだ（口絵1頁）。ローランとマヌーが戻ってくると、男はコンゴ動乱の際に財宝が海に沈んだ経緯を説明する。そして宝と共に飛行機が墜落した地点を知っていると言う。結局、この男のおかげで、飛行機の墜落地点を特定し、財宝を引き揚げることができた。一攫千金を狙ってきた冒険者たちは大金を手にする。だが、彼の昔の仲間で、同じく財宝を狙っていた男たちから銃撃を受けることにもつながってしまった。流れ弾にレティシアは倒れる。

映画の最後三分の一は、レティシアゆかりの地、大西洋岸の港町ラ・ロッシェルに近いエクス島が舞台となる。そして、登場するのが、島のそばに浮かぶフォール・ボワイヤールという砦だ。ルイ一四世の時代に要塞化され、ナポレオンの時代を通じて、大西洋岸を敵から守る役割を担った。レティシアは、この要塞に住むことを夢見ていた[*2]。

レティシアは宝を見つけて大金が手に入ったらどうするのかというマヌーの質問にかつて次のように答えていた。

「大西洋に浮かぶ家を買うわ。ラ・ロッシェルの近くよ。子どもの頃からの夢なの。家というよりは海に囲まれた昔の要塞よ。それを改装するの。嵐が来ても大丈夫。海は私の初恋の相手なの。波の中にいる気分で創作するわ。もう展覧会はしない」。

そして夕陽を見ながらの船の上でのローランとの会話がレティシアの最後の言葉となる。レティシアの両親はユダヤ人で、戦時中ドイツ軍に連行され、消息不明となった。レティシアはエクス島の親戚に預けられて少女時代を過ごした。憂愁を帯びた表情のレティシアが夕陽を見ながらローランに言う。「(都会では)建物が邪魔をして陽が沈むのを見れないのが残念だわ(…il y a toujours un mur pour te cacher sa mort… c'est dommage.)」。この言葉には自分の親がどのように死んだのかわからなかった幼少期の悲しい思いが重ね合わされている。そして、レティシアはローランへの愛の告白ととれる言葉を口にする。「（船旅を終えたら）私、あなたと暮らしたい」。ところが、その直後に、銃撃戦に巻き込まれてしまったのだ。

ローランはレティシアの夢を引き継ごうとフォール・ボワイヤールを買い取る。一方、マヌーはいったんパリに帰っていた。マヌーはかつてレティシアの個展が開催された場所に足を運ぶ。銀の前衛芸術の服をまとって輝いていたレティシアの姿に思いを馳せる（表紙カバー写真）。戻ってきたマヌーとローランはフォール・ボワイヤールで再会する（口絵2頁）。二人はレティシアといっしょに過ごした日々を回想する。ローランは、要塞島にレストランを作る計画を語る。しかし、二人の背後には追手が迫っていた。

リスクをとらなければ得られるものも得られない。しかし、……ラスト・シーンでは、フォール・ボワイヤールを俯瞰しながらカメラが遠ざかっていく。リスクをとって挑みつづけた冒険者たちの夢の跡だ。「日本人が最も愛したフランス映画」と評されることもある作品は余韻たっぷりに幕を閉じる。

＊1　P・F・ドラッカー著・上田惇生訳『創造する経営者』ダイヤモンド社、一九九五年。

＊2　エクス島におけるこの映画の舞台となる場所については、関根敏也・小出ゆきみ『パリから向かうフランス映画の港町　ジャック・ドゥミとヌーヴェル・ヴァーグの故郷を訪ねてシェルブールから、ロシュフォールまで』（リヴル・アンシャンテ、二〇一〇年）に詳しい。

Exercises

新しいことに挑むとき、それが「負うべきリスク」なのか、「負えるリスク」なのか、「負えないリスク」なのか、それとも「負わないことによるリスク」につながるのか、自分の例で考えよ。

あなたがレティシアなら、一攫千金を狙って、マヌーとローランといっしょにコンゴの海へ宝探しの冒険に出るか？

（亀井克之）

コラム⑤　詩的レアリスム vs. 新しい波（ヌーヴェル・ヴァーグ）

フランス映画のイメージは、世代によって大きくふたつに分かれる。ひとつは、往年のフランス映画――エスプリと洒落た台詞と、そして市井の人々の心意気。戦前、一九三〇年代から四〇年代にかけて、詩的レアリスムと呼ばれたもっともフランス映画らしかったフランス映画の時代のファンたち。一方で、戦後の一九五〇年代に登場したフランス映画は、こうした伝統的フランス映画に叛旗を翻した若者たちが牽引した、活気と行動力とアクションにあふれた新たなフランス映画――ヌーヴェル・ヴァーグの時代の信奉者たち。このふたつのフランス映画のあいだには、第二次世界大戦という、二〇世紀の世界が経験したもっとも深刻な事態が影を落としている。

というのも、未曾有の世界大戦は、それまで信じられてきた価値観や道徳観、さらには生きるための哲学を覆し、人はもう戦前のようには生きられないということを思い知らせた。その結果としてフランスに生まれた実存主義哲学は、戦後世界を生きるための新たな指針として、多くの若者たちに受け入れられたのだった。

これとほぼ軌を一にして登場したのが、ヌーヴェル・ヴァーグだった。命名したのは、「レクスプレス」誌。その一九五七年一〇月三日号の誌面において、フランス映画の新たな潮流として採り上げられた。奇しくもこの同じ年の五月、「ル・モンド」紙がフランス文学の新たな潮流としてヌーヴォー・ロマンを採り上げ顕揚しており、戦後フランスを代表する二大文化的潮流がこの年、ほぼ同時に認められたわけである。

ところで、「ヌーヴェル・ヴァーグ＝Nouvelle Vague」とは、フランス語で「新しい波」を意味する。それまでの旧来の映画とは異なる新たな映画ということで名づけられたものだった。旧来の映画＝スタジオでつくられた映画は、現実に人がしゃべるとは思えないような台詞が目立ち、これまた現実にそぐわない物語展開に、同時代の若者たちの目にはなんとも前時代的な遺物／異物として映っていた。

ジャン＝リュック・ゴダール監督『勝手にしやがれ』

こうした状況下、映画批評誌「カイエ・デュ・シネマ」に集った一群の若者たち——フランソワ・トリュフォー、ジャン＝リュック・ゴダール、エリック・ロメール、ジャック・リヴェットらは、自らを「若きトルコ人」とみなして（つまり、伝統的フランスの埒外にいる者たちの意）次々と新たな指標のもと、映画批評を送り出し、世に問うていった。彼らが求めたのは、戦後の時代に則した映画の表現であり、その規範を詩的レアリスムの伝統的フランス映画ではなく、ハリウッド映画やイタリアのネオレアリズモ映画、さらに日本映画に求め、やがて自らも映画監督へと成長してゆく。

その一方で、マルセル・カルネ、ジャック・フェデール、ジュリアン・デュヴィヴィエらによって構築された詩的レアリスムは、台詞作家というフランス映画に特徴的な職種を設けて、台詞の妙を磨くとともに、人間的であると同時に高潔な主人公たちの振る舞いのうちに、フランス人、わけてもパリとそこに住むパリっ子のイメージを世界中に知らしめ広めたのもまた事実だった。フランスのエスプリとパリっ子の心意気を謳ったそれらの作品は、とりわけ戦時下につくられた『天井桟敷の人々』などに、フランスの理想が描かれているのを疑い得ない。理想と現実と、その相剋が、第二次世界大戦後のフランス映画界を二分することにもなったのだった——。

（杉原賢彦）

第6章

レジリエンス

Résilience

パートナーの他界、失恋、失明に至る病、
資金難による事業の中断……。
ぎりぎりのところからどう立ち上がるか？

『ポンヌフの恋人』（*Les Amants du Pont-Neuf*）
監督　レオス・カラックス（Leos Carax）
出演　ジュリエット・ビノシュ（ミシェル）
　　　ドニ・ラヴァン（アレックス）
　　　クラウス＝ミヒャエル・グリューバー（ハンス）
1991年　フランス　126分

フランス封切り1991年10月
フランス国内観客動員数86万7197人
パリ観客動員数24万4789人
（*Ciné-Passions Le guide chiffré du cinéma en France,* 2012, Dixit）

映画に波瀾万丈はつきもの、そして人生もまた……──作品解説

一九八〇年代、フランス映画は新しい映像の時代を迎えようとしていた。七〇年代がアラン・ドロン主演作品に代表される娯楽的要素の強い作品と、コンテスタテールと呼ばれた異議申立て世代（つまりは、一九六〇年代学生運動からの進化系たち）が中心となった社会派の映画がふたつの柱を形成していたフランス映画界の動きのなかで、そのどちらにも与しない、あくまで斬新な映像センスとあふれるばかりの疾走感をもって幾人かの監督たちがデビューを果たした。

その筆頭に位置して、もっとも若く、そしてもっとも神話的空気に包まれていたのが、レオス・カラックスだった。

カラックスのデビュー作『ボーイ・ミーツ・ガール』（一九八三）は、彼が二三歳のときの処女長編であり、ブラック&ホワイトの鮮烈な映像を湛えて、行き場のない焦燥感と怒りとせつなさとやりきれなさと苦さと哀しみとひたむきさと……言葉にしようのないエネルギーの塊そのものではち切れそうになっていた。続く『汚れた血』（一九八六）は、デイヴィッド・ボウイの曲「モダン・ラヴ」を駆っての疾走シーンに象徴されるように、カラフルに、しかしブルーを基調とした色彩がスクリーンを埋め尽くして突き刺さった。そう、カラックスの映画には、当時の同年代の者たちにとって、自らそのものが映っていたのだ（もちろん、ちょっとばかしカッコよすぎていたかもしれないが）。

デビュー作からわずか二作でアンファン・テリブル（恐るべき「映画の」子ども）の通り名を贈られたカラックスは、一九八九年、フランスの革命二百周年の年を目指して、新作に着手した。それが本作『ポンヌフの恋人』だった。

前書きが長くなってしまった。が、それだけ本作は完成前から話題が沸騰していた作品だったのだ。だが、撮影は進まなかった。このことについては、またのちほど、語ろう。その前に肝心要の映画のことを。

パリのセーヌ川にかかるもっとも古い橋であるポンヌフ（訳せば「新橋」）が舞台だ。橋の下をねぐらに気ままなその日暮らしを送るアレックスは、ある夜、通りかかった車に足を轢かれてしまう。たまたまその場に居合わせた、眼帯をした女性に彼は一瞬、目を奪われる。施設送りとなり、ようやくポンヌフに戻って来た彼は、寝ぐら近くに先日の女性ミシェルが眠っているのを見つける。この場所を仕切っているホームレスの長ハンスに取りなし、ミシェルもポンヌフにいられるようにしてやるアレックス。ふたりは次第

レオス・カラックス監督『ポンヌフの恋人』（1991年）

に心を通い合わせてゆくのだが、ミシェルには失明の危機が迫っており、家族たちは早く彼女に手術を受けさせようと手を尽くしていた……。

天涯孤独な青年と、失意と失望のうちにある女性がふと出逢い、恋にも似た感情を育んでゆく。ただ、それだけのお話……と言ってしまえば語弊があるだろう。その一瞬一瞬が、仄暗い世界のなかでまたたき、トクっトクっと心音を確かに響かせる、そう、いまこの瞬間にこそ、生きている価値があるとでもいわんばかりに。カラックスがこの映画のなかに表出させているのは、生きるということの不条理と、それでも生きるということのなにものにも代えられない眩さなのだ。たとえそこに払うべき代償があろうとも、そんなものはくれてやれ。それと引き換えに得られるものがあるとするなら、それを選ぶという潔いまでの覚悟、言葉にはできない覚悟と熱情が画面をみなぎる。

やがてふたりは、浮かれ騒いだ革命記念日の日々ののち、引き裂かれてゆく。まるでアポリネールの詩「ミラボー橋」のように――「ミラボー橋の下をセーヌ河が流れ／われらの恋が流れる／わたしは思い出す／悩みのあとには楽しみが来ると」（『アポリネール詩集』堀口大学訳、新潮文庫、一九五四年）。そして再会のクリスマスは来る。それぞれの傷を癒やした恋人たち、白い雪はポンヌフに舞い、古い恋はゆっくりとふたりを過ぎ去りし日の色に染めてゆく。それまでの時間をすべて埋め尽くしてしまおうとするかのように……。

レ・リタ・ミツコによる曲「Les Amants《恋人たち》」が遠く響くなか、ふたりはポンヌフから艀に運よく落ち、見知らぬ世界へと運ばれてゆく、パリをあとにして、セーヌの流れのままに、まだ見ぬ未来へと。

このラスト・シーンに、夭折したジャン・ヴィゴによる名作『アタラント号』(一九三四)の面影を追うのもよいだろうし、新たな伝説を創造しようとしているカラックスの想いを読み取るのもよいだろう。だが、重要なのは、長い長い航路が、これから始まるということ、それまでの物語が序章だったということだ。カラックスは、『ボーイ・ミーツ・ガール』から始まる、自らの分身アレックスの物語に終止符を打ち、新たな映画への布石を打ったのだ。だが、ここまでの道のりのなんと遠かったことか――。

本作でアレックスとミシェルは、引き離されながらも互いの強い思いからふたたび出逢い、ともに生きてゆくことに賭ける。その同じことが、この映画自体にも起こっていたのだった。

一九八九年撮影開始から間もなく、それまでの作品でずっとアレックスを演じてきたドゥニ・ラヴァンが指を骨折し、しばらく撮影は中断された。これがため、撮影は大幅に修整を余儀なくされてしまう。というのも、革命二百周年記念のパリの実景を使って撮影を行う予定が組まれており、七月、ヴァカンスにともなってパリの人口が一時的に減る間隙をぬい、パリ市内の交通を遮断して撮影するという目論見だった。そして、劇の中心となる夜のシーンについてのみセットを組んで撮影する、これでなんとか予算三五〇〇万フラン(当時の換算レートでおよそ八億七〇〇〇万円)で収まるという算段となっていた。ところが、けっして外すことができないドゥニ・ラヴァンのケガのため、この予定がまるきり狂ってしまい、夜間撮影のみの予定だったセットは、昼間の撮影にも耐えられるものに、つまりパリの街並みをそのままそっくり、部分的にだが、再現せざるを得なくなったのだ。

この結果、予算は当初の見積もりを大幅に上まわってゆき、それがため製作会社は倒産、プロデューサーも次々と降りては替わり、最終的に迎えたクリスチャン・フェシネールは三代目。そして予算も、当初の四倍近くとなる一億三〇〇〇万フラン〈およそ三二億三〇〇〇万円〉に達し、フェシネールにとっては痛すぎる出資となってしまう。ちなみに、この金額は当時のフランス映画史上の最高額であり、その後しばらく破られることはなかった。しかも、一九八九年内に完成予定だった作品が最終的に完成したのは、二年後の一九九一年のことだった。

いわば〈呪われた映画〉の典型でもあるが、さらにこの映画には、当初、異なった結末が存在していたことも知られている。カラックスの映画は、処女作の『ボーイ・ミーツ・ガール』がそうだったように、どん詰まりの青春像が土台となっていて、けっして明るい未来が開けているわけではない。それは本作の最初の脚本でもそうだったようだ。が、当時、カラックスの恋人でもあったミシェル役のジュリエット・ビノシュが望んだ結末が最終的に選ばれたと言われている。

さまざまな苦境と逆境のなかで生まれた映画は、しかし、それが監督の手を離れて作品となったとき、未曾有の失敗作という前評判を覆して、予想もしなかった光芒を放ち始めた。ある神話の終わりと始まりと、『ポンヌフの恋人』は、レオス・カラックスにとって、そして当時のシネフィルたちにとって、なにかが終わり、同時になにかが始まってゆく作品だったのだ。

（杉原賢彦）

『ポンヌフの恋人』に学ぶ

レジリエンス（復元力）の物語

『ポンヌフの恋人』は、リスクマネジメントや危機管理の視点から見ると、成長、再生、そしてレジリエンス（復元力）の物語だ。第二章でリスクマネジメントのプロセスは四つの「定」だと示した。リスクの「特定」、確率と強度を軸とするリスクの「想定」、リスク対応策の「決定」、そしてリスクマネジメントの見直しをする「改定」という四つのプロセスによるサイクルだ。人生においては、リスクや危機にいつもうまく対応できるとは限らない。むしろ、ミスをし、災害による損害を被り、決断を誤ることがよくある。大切なことは、失敗に学び、同じミスをしないことだ。さらに、災害の教訓を得て、次の災害に備え直すことだ。失敗しても、災害に遭っても、決断を誤っても、損失を最小限に食い止め、立ち直って再生する。これが、現代のリスク多発社会でよく用いられる、レジリエンスという考え方だ。

『ポンヌフの恋人』では、失恋と失明の危機に陥り、家を出て浮浪者となった画学生ミシェルの再生、浮浪者アレックスのどん底からの再生、ポンヌフに住まう浮浪者の長ハンスにとって束の間の再生、映画の中で改修工事中だったポンヌフの再生……このような再生が描かれる。舞台となったセーヌ川にかかる橋ポンヌフは、フランス語で「新しい橋」という意味でありながら、パリ最古の橋だ。

数世紀にわたる風雪に耐えてきたレジリエンスの象徴だ。

何よりも、この映画は、二度に及ぶ撮影中断など、幾多の危機に見舞われながら、三年かかって奇跡的に完成した。この映画の製作自体がレジリエンス（復元力）そのものと言える。

レジリエンスとは何か

レジリエンス（resilience）とは、近年、同時多発テロのような社会災害や、東日本大震災のような自然災害が頻発する傾向の下、世界中で多用されるようになった言葉と概念だ。レジリエンスは、元来、「弾力」「跳ね返す力」「圧縮された後、元の形に戻る力」などを意味する言葉だ。イメージ的には、柔らかいゴムボールを指で押すとへこむが、指を離すとまた元に戻るイメージだ。この言葉は逆境や危機に陥っても、それを跳ね返すように、回復することを表す。つまり逆境に適応する力だ。これは、予防すべきリスク、外襲的リスク、戦略リスクという三分類の中で、一般的には、外襲的リスクに関わる。自分の意思や努力では発生を防ぐことのできない自然災害などのリスクに見舞われた場合に、どのように耐え、どのように損害や損失を抑え、そしてどのように復旧するのか。「ポンヌフの恋人」の場合、仕事、健康、恋愛、夫婦関係など内面的なリスクについて、予防しきれずに陥った危機からの成長、再生が描かれる。

企業リスクマネジメント研究の権威である上田和勇専修大学名誉教授は、レジリエンスの定義を次のように整理している。*

「困難な状況に耐えるあるいはその状況から迅速に回復する能力」（オックスフォード辞典）

「逆境やトラブル、強いストレスに直面した時に、適応する精神力と心理的プロセス」（アメリカ心理学会）

「逆境下、その原因を管理するとともに、（中略）好機を創造し、従前と同様の経営の独自性・競争力を回復する企業の力」（上田和勇）

私たちが逆境から立ち直る時、必ずしもこれら定義に見られるような合理性が発揮されているわけではない。偶然のきっかけで、再生に導かれることもある。思わぬことが立ち直るきっかけになることもある。映画が描くのはそうした偶然のきっかけによって発揮された復元力だ。

『ポンヌフの恋人』では、孤独なホームレスのアレックスが、ミシェルとの偶然の出会いをきっかけに、激しい純愛を貫き、紆余曲折を経て、ホームレスから別人へと再生していく。

本書では、いろいろなレジリエンスと再生の姿を取り上げてきた。第一章『天井桟敷の人々』は、ドイツ占領中という逆境の中、執念の製作が続けられた。第四章『フレンチ・カンカン』では、支配人ダングラールは、幾度も事業の財政破綻に陥りながらも、その度に跳ね返し、ムーラン・ルージュ開業にこぎつけた。第五章『冒険者たち』では、マヌーが懸賞飛行に失敗して飛行ライセンスを失おうが、ローランが開発した高性能エンジンが爆発しようが、レティシアが廃品を利用した前衛芸術の個展で酷評されようが、三人は逆境を跳ね返して、新たにコンゴの海に財宝探しの旅に出発した。

では『ポンヌフの恋人』における再生と成長を登場人物の視点からそれぞれ見てみよう。

＊　上田和勇「自然災害リスクのリスク知覚とリスク及びレジリエンス教育」『危険と管理』第四七号、日本リスクマネジメント学会、二〇一六年、ならびに上田和勇編著『復元力と幸福経営を生むリスクマネジメント』同文舘出版、二〇二一年。

光を取り戻したミシェルの再生——ミシェルの視点

ミシェルは、空軍大佐を父に持つ画学生だ。実家は、パリ郊外の高級住宅地サン・クルー市にある。ミシェルはチェロ弾きのジュリアンと激しい恋に落ちる。彼女の初恋だ。ミシェルはジュリアンのために絵を描き、ジュリアンはミシェルのためにチェロを弾く日々を過ごす。やがて、二人の関係は破局を迎え、ジュリアンは出ていく。そのショックもあってか、ミシェルは目の奇病で視力を失っていく。失恋と失明という二重の不安から、ミシェルは家出をし、放浪生活を始める。そんな時、夜の通りをふらふら歩く浮浪者のアレックスが倒れて、自動車に左足を轢かれるところを目撃する。彼女は傍に寄り、思わず、その姿をスケッチする。

ミシェルは、修復工事中で閉鎖されているポンヌフ橋を見つけそこで眠る。しかし、そこは、アレックスが寝ぐらとしていた場所だった。アレックスが浮浪者収容病院を抜け出て、ポンヌフ橋に戻ると、ミシェルが寝ているのを見つけて驚く。翌朝、ポンヌフ橋の長たるハンスから「出て行け」と怒鳴られる。ミシェルのスケッチ入れの中には、車に轢かれた直後のアレックスを描いた絵があった。

アレックスはそれに気づく。これが二人の出会いだった。

ミシェルは大道芸で炎を吹くアレックスを見物する。闇夜を照らす炎は彼女の心にも火をつける。左眼に絆創膏を貼ったミシェルはアレックスを見て微笑む。しかし、なおジュリアンを忘れられないミシェルは、街でジュリアンを探し求める。妄想の中で、彼女はジュリアンの目をピストルで撃ち抜く。幻想だ。そしてミシェルとアレックスの時に凶暴な恋愛関係が始まる。

ミシェルはハンスから身の上話を聞かされる。その時、ミシェルは、目が見えなくなる前に、美術館の絵が見たいと言う。昼の照明光ではもはやよく見えなくなっている。ある夜、ミシェルは「アレックスごめん」と呟きながら、ハンスと夜のルーブル美術館に忍び込む。ハンスに肩車をしてもらい、蝋燭の灯りで、レンブラントの「自画像」をしっかりと見る。

季節が変わり、ミシェルの視力はますます悪くなっている。失明の恐れから、彼女はすっかりやつれている。そんな時、ラジオで、空軍大佐の父が手術を受ければ視力が回復するから帰ってくるよう呼びかけている報道を耳にする。視力が回復すると聞いてミシェルは狂喜する。彼女は、睡眠薬をワインに入れてアレックスを眠らせ、「私を忘れて」と書き置いて去って行く。

左眼の手術は成功し、彼女の視力は回復する。アレックスと別れて二年近くが経過した。忘れようとしても、夢にまでアレックスが出てくる。ミシェルは意を決して、懲役二年で服役中のアレックスに面会に行く。

この面会の場面は、『ポンヌフの恋人』におけるターニングポイントだ。ミシェルは様々な感情的なリスクをとって会いに行った。二年ぶりの再会。目を伏せるアレックスに「見て欲しいの。治った目を」と言う。「治らないものなどないのよ。やり直せないものなどないのよ」。二人は昔の関係性を取り戻す。アレックスが出所するのは半年後だ。そのクリスマスイヴの夜中の〇時にポンヌフで待ち合わせの約束をして、ミシェルは刑務所を去って行く。しかし、ミシェルは彼女の左眼の手術をした眼科医のデトウッシュ医師と暮らしている。

約束のクリスマスイヴの夜。雪で真っ白なポンヌフ橋で二人は再会する。二年前、絶望の淵に沈んでいたミシェルは、今は純白の服を着て、顔はまさしく輝いている。見えるようになった左眼と右眼の両眼で、ミシェルはアレックスの姿をスケッチする。三時の鐘の音。「もう帰らなくちゃ」。ミシェルが今は別の人と暮らしている複雑な状況をほのめかす。怒ったアレックスに飛びつかれ、ミシェルは、そのままセーヌ川に落下する。二人が水中で顔を見合わせた時、ミシェルの表情が吹っ切れる。ル・アーブルに向かう運搬船に二人は救われる。ミシェルは「わたしたちも」ル・アーブルまで行くと言う。「ね?」と言いたげにミシェルはアレックスに微笑む。アレックスと並んだミシェルの瞳がきらりと輝く。二人は、船の舳先に立って、再生の讃歌のように叫び声をあげる。

真っ直ぐ歩けるようになったアレックスの再生――アレックスの視点

アレックスが浮浪者になった背景はわからない。彼は不眠症に苦しむ孤独な大道芸人だ。冒頭、大通りで倒れ、自動車に左足を轢かれる。浮浪者収容病院を抜け出し、左足を引きずり寝ぐらのポンヌフ橋に戻ると、誰か知らない人間が寝ている。ミシェルだった。ハンスに追い出される彼女のスケッチ入れの中には、路上に転がるアレックスをスケッチしたものがあった。アレックスはミシェルの実家に忍び込み、ミシェルの悲恋、左眼が発病した事情を知る。自らが大道芸で吹く炎のように、アレックスのミシェルに対する恋愛感情が燃え上がる。同時にそれは、恋愛に関わるさまざまなリスクを抱え込むことでもあった。嫉妬、疑い、失恋の恐怖など、純愛ゆえの感情にさいなまされることになる。フランス革命二〇〇年の祝祭の夜。花火が打ち上げられる中、二人は踊り狂う。やがて二人は、睡眠薬をカフェの客の飲み物にこっそり入れて、眠っている間に財布をする手口で荒稼ぎする。しかし、お金を手にして、ミシェルが出て行くのではないかと恐れたアレックスは、金が入った箱をミシェルが川に落としてしまうように仕向ける。ミシェルがハンスと夜のルーヴル美術館に忍び込んで帰ってこなかった時、アレックスは不安のあまり割れたワイングラスで腹部を自傷する。純愛ゆえの苦悩だ。

二人の関係は落ち着く。一方でミシェルの左眼がいよいよ悪化している。ある日、アレックスは、地下鉄の通路に、眼の手術を受けに家に帰ることを促す大きなミシェルの顔写真入りのポスターが貼られているのを見つける。アレックスにとって、このポスターは、ミシェルが彼の元を去ることを促す内容にほかならなかった。アレックスは、ミシェルにわからないように、ポスターを次々と燃やしてしまう。街角でポスターを見かけた時、ポスターと溶剤が載せられた車に火を点け、誤って、ポスターを貼る男を焼き殺してしまう。しかし、ミシェルは、ラジオで目は治るから帰宅するよう呼びかけているのを耳にする。喜ぶミシェルと酒盛りしているとアレックスは眠ってしまう。ミシェルがこっそりとワインに睡眠薬を入れたのだ。目覚めると、一人になっていた。しかも「本当には愛してなかった。私を忘れて」の文字が橋に書かれている。アレックスは失恋の奈落に落とされる。アレックスは、ミシェルに捨てるよう言われていた拳銃をこっそり隠していた。アレックスはそれを取り出し、一発残った弾丸を手に向けて発射する。アレックスの左手の薬指が粉々に砕け散る。

ある朝、アレックスは刑事たちに叩き起こされる。ポスター貼りの男を焼死させた罪で逮捕される。暴力的な尋問の末、懲役二年の判決を受けて、服役する。

月日が流れ、面会者がある。アレックスはもう普通に歩けるようになっている。「二年ぶりね」。面会者はミシェルだった。この場面は、繰り返すが、この映画の決定的瞬間だった。

「見て欲しいの。治った目を」と言われても、アレックスは目を伏せる。ミシェルは思い続けてくれていたのだ。

アレックスの足が完全に治ったとわかるとミシェルは「治らないものなどないのよ」と言う。アレックスは薬指が砕け散って、特別の手袋をつけたままの左手をポケットに隠している。

「なぜ会いに来なかった。待ってた」。

「私たち二人のことが怖かったの」。

「臆病者」。

やがて二人は橋の上で同棲していた頃のように、心を通い合わせ始める。アレックスは、まだ「気持ちが治りきってない」と言う。二人は、アレックスが出所する半年後のクリスクマスイヴの深夜○時にポンヌフの上で会う約束をする、アレックスは「別人になる」と宣言する。

鐘が鳴る。待ちに待った時だ。メトロの駅の階段を右手にシャンパーニュの瓶を持ったアレックスが登って来る。雪化粧でポンヌフは真っ白だ。アレックスはかつて浮浪者をしていたとは思えないような穏やかな風貌で、治った足で真っ直ぐ歩く。やがて、ミシェルを見つけ駆け寄ると、滑って彼女の足元に潜り込んでしまう。二人は笑う。この夜のミシェルは輝いている。目が治ったミシェルにアレックスは姿をスケッチしてもらう。ミシェルはアレックスに問う。

「自分が好き？」。

「まあ」。

「まあって何よ」。

「好きさ」。

シャンパーニュの瓶を開ける時、左手の手袋が瓶の針金に引っかかる。「手袋はずせばいいのに」とミシェルは無邪気に言う。祝杯をあげた後、ミシェルのジョークに笑い転げる。すると、三時の鐘が鳴る。アレックスは予約しておいた近くにあるルイジアーナホテルに誘うが、ミシェルは帰ると言う。「時間がかかる問題をかかえているの。また話すわ」。これにアレックスは激怒し落涙する。「嘘つき」。「嘘つき」……。アレックスは近寄り、最後はミシェルに飛びついて、そのままセーヌ川に落下する。水中で顔を合わせて、アレックスはミシェルの表情に何かを感じる。

ル・アーブルに向かう運搬船に救われ、体を乾かした二人は、眼をキラキラ輝かせながら見つめ合い、微笑む。この時の二人の微笑みが、失意と暗闇からの、アレックスの再生、ミシェルの再生、何よりも二人の恋愛の再生を象徴している。二人は舳先で歓喜の雄叫びを上げる。

優しさと束の間の再生――ハンスの視点

ミシェルがポンヌフに住み着いた当初から、ポンヌフの長たるハンスはミシェルに「出ていけ」と繰り返す。ある時、ハンスはまたミシェルに「出ていけ」と言ってくる。ミシェルは、絵を描いているると、見える方の右眼が飛び出しそうだと言う。昼間に行った美術館で蛍光灯が眩しくて見えなかったとこぼす。目が完全に見えなくなる前にもう一度見たいと言う。するとハンスは隣に座って、浮浪者になる前は、警備をしていたと言って、ありとあらゆる鍵が付いた束を見せる。「いつか夜の美術館に連れて行ってやろう。ろうそくの灯りで絵を見たらいい」。

そのまま、ハンスはミシェルに身の上話をする。ハンスが浮浪者になった秘密が明かされる。かつてハンスはフロランスという妻がいた。酒が好きで陽気な女性だった。だが、幼い娘を亡くしてから、沈みがちになった。いつも泣いていた。ハンスにはなすすべがなかった。苦しみが夫婦を引き裂いた。ある日、フロランスは家出した。数週間かけて探し当てた時、彼女は浮浪者になっていた。昼は路上で暮らし、夜は北駅で寝ていた。ハンスも一緒に浮浪者生活をするようになった。やがて三三歳でフロランスは死んだ。ハンスは妻の死体をセーヌ川に投げた。ハンスがミシェルに「出ていけ」「酒飲むな」と繰り返すのは、妻の失敗を繰り返してほしくなかったからだったのだ。ハンスはミシェルに亡き妻の面影を見出していた。

アレックスのいない時、ハンスはミシェルを夜のルーブル美術館に連れて行く。ハンスは肩車をして、ミシェルにレンブラントの「自画像」を見せてやる。ろうそくの灯りでミシェルは絵を右眼に焼き付ける。ハンスは、肩車からミシェルを下ろすと、そのまま彼女を抱き寄せる。ミシェルもそれに応じる。ポンヌフ橋に戻ったハンスは、かつて妻を葬ったセーヌ川に身を沈める。それはアレックスへの罪悪感からか、妻の面影のあるミシェルの絵を見たいという願いを叶え、彼女と抱擁した安堵感からなのか、妻のところに行きたくなったからなのか。

ハンスは『ポンヌフの恋人』になくてはならない登場人物だ。ハンスの身の上話を聴いて優しさに触れたことが、「空は白い」というアレックスが作った暗号を使って、ミシェルが愛を告白するきっかけになったことも見逃せない。ルーブル美術館の夜の散歩で本来の優しさを見せたハンスは、束の間の再生を果たしたのだ。

ポンヌフのレジリエンスと『ポンヌフの恋人』のレジリエンス

パリのガイドブックで、ポンヌフのところを見ると必ずと言っていいほど、映画『ポンヌフの恋人』の舞台になったと記されている。ある場所が映画とこれほどまでに結びつけられるのは、『ローマの休日』に出てきたローマのスペイン階段や真実の口に匹敵する。

ポンヌフは、セーヌ川に浮かぶシテ島の西側を横切り、左岸と右岸を結ぶ石橋だ。一五七八年にアンリ三世が着手し、一六〇七年にアンリ四世が完成させた。フランス語で「新しい橋」を意味するが、現在セーヌ川に架かる最古の橋だ。それまで住居や店舗が橋の上に作られることが多かったが、ポンヌフではそれらを排除した。両側には歩行者専用の舗道が設けられた。四〇〇年に及ぶ風雪に耐える姿は、「ポンヌフのように堅牢」（se porter comme Pont-Neuf : solide comme Pont-Neuf）という慣用句を生んでいる。ポンヌフの頑丈さは、アンリ三世が着工当時に築いた礎石による基本構造による。レジリエンスや再生は、このように何か基盤があることによりもたらされる。

登場人物たちのレジリエンスと再生もそうだろう。アレックスの支えとなったのはミシェルへの純愛だ。彼はこの純愛を貫き人間性を取り戻した。ミシェルを支えたのは、どん底の時も止めなかった絵画への揺るぎない情熱だろう。そして視力が失われようとする中での光への渇望だ。ハンスを支えたのは亡き妻の思い出と共に内に秘めた優しさだったのかもしれない。

『ポンヌフの恋人』の製作自体、二度に及ぶ製作中断など、幾多の危機を跳ね返した。完成するだけで奇跡と言われた作品を支えたのは何か。何よりもレオス・カラックス監督、主演のドゥニ・ラヴァンとジュリエット・ビノシュ、撮影監督ジャン゠イヴ・エスコフィエらスタッフがこの作品にかけた情熱だろう。そして美術監督ミシェル・ヴァンデスティアンが南仏モンペリエ郊外ランザルク村にポンヌフのオープンセットを作り上げた執念。さらにカラックス監督の三作目に寄せる全世界の映画ファンの期待。これらに支えられて、逆境が跳ね返され、傑作が生み出された。

レジリエンスを身につけるには

レジリエンス、再生には、ポンヌフ橋の四〇〇年前の建造時から変わらない基盤構造のような支えとなるものが必要だ。では、一般にレジリエンスには何が必要なのだろう。モンペリエ大学経営学部のオリヴィエ・トレス教授は中小企業経営者や個人事業主の健康に焦点を当てた研究で知られる。大妻女子大学教授で精神科医の尾久裕紀教授と実施した日仏共同研究の結果、「適応する能力」「打たれ強さ」「自分の行動の結果を受け入れる能力」が健康増進に貢献することがわかっている。尾久教授によれば、この三要素はとりも直さずレジリエンスやポジティブ心理学の概念と共通する。そして中小企業経営者がレジリエンスを獲得する七つのルールを示している。我々はみな自分の人生のかじとりをする経営者なのだから、誰にも当てはまろう。

レジリエンスを獲得する七つのルール（あんしん財団「あんしんLife」二〇一九年一〇月号）

①睡眠、食事、運動を確保する、②家族、仲間と過ごす時間を確保する、③ネットワークを作り、いざという時に頼る、④従業員に期待しすぎない（家族、仲間、同僚に言い換えられる）、⑤人にまかせる、⑥人を愛し、自分も愛す、⑦大志を抱く

さらに、尾久教授は、ストレスを乗り越え、レジリエンスを発揮する人の特徴として「物事にチャレンジする姿勢」「人生で起こるどんなことでもそこに意味を見出そうとする傾向」「未来指向性があ

る人」を挙げている（「中小企業経営者の健康マネジメント――日仏共同研究シンポジウム」二〇一八年）。

睡眠障害――映画が描くもう一つのリスク

この映画が描く別のリスクに睡眠障害がある。修復工事で閉鎖中のポンヌフ橋に暮らすアレックスは睡眠障害に苦しむ。日常的に、浮浪者の先輩ハンスに、導眠剤のアンプルをもらっている。このアンプルがストーリーの展開に用いられている。カフェの客の飲み物にこっそり入れて、客が寝眠りこけたスキに、財布を盗む。アレックスとミシェルは、できた金でパリから北へ一気に海岸に行って愛を深め合う。目が治るというラジオのニュースを聴いた夜、ミシェルはワインにこっそり導眠剤を流し込み、アレックスを捨てて、ポンヌフから実家に帰る。眠れない、眠る、この繰り返しが物語の起点になっている。

睡眠障害は、現代の大きな社会的リスクの一つだ。ストレス、不安、スマホやネット依存、など様々な要因で、多くの人が寝付けなかったり、夜中に目が覚めたり、夜寝ているのに昼間に眠くなるなどの症状に陥っている。睡眠不足は、記憶力や判断力の低下、不安、情緒不安定などの影響をもたらす。睡眠不足が招くヒューマンエラーは重大な事故につながる可能性がある。睡眠不足が積み重なり、健康に悪影響を及ぼす状況について「睡眠負債」という考え方も生まれている。

睡眠は単純に長く眠ればよいわけではなく、睡眠の「質」が大切だ。質の良い睡眠とは、深い眠りに入って、途中で目が覚めることがなく、朝までぐっすりと眠れることだ。

ポンヌフの下を走るランナー（コロナ禍で１年半延期され2021年10月17日開催されたパリ・マラソン）（亀井克之撮影）

睡眠の質を上げる習慣は①寝酒を控える、②食事と就寝の時間をあける、③枕をフレッシュにする、④寝室に物を置きすぎない、⑤就寝前にスマホなどを使わないなどだ。

二〇一八年に日本経済新聞主催・あんしん財団共催で開催された「中小企業経営者の健康マネジメント・日仏共同研究シンポジウム」では、健康、メンタルヘルス、ストレスマネジメント、バーンアウト（燃え尽き症候群）防止と並んで睡眠の重要性が議論された。討論者の一人で、経営者の睡眠についての専門家フロランス・ギリアニ氏によれば、睡眠不足の人は昼間に椅子に座りながら、一五分程度のマイクロスリープ（瞬間睡眠）をするだけでもパフォーマンス向上につながる。尾久裕紀教授は「うつ状態の経営者が睡眠時間を四時間から七時間に増やすことで回復した」「頭の中に考えごとが巡って寝付けない時は『ストップ』と口に出して言うとよい」「今、この時に集中する『マインドフルネス』もリラクゼーション効果があるので睡眠に有効」と述べた。

危機に直面した時に発揮されるレジリエンス（回復力）には土台、拠り所が必要だ。全ての土台となるのが心身の健康であり、それを支えるのが健全な睡眠だ。

海辺の夜に、ミシェルがアレックスに言う言葉で本章を締めくくっておこう。

「あんたに眠り方を教えたのが私の誇り。愛の証*」。

＊「『ポンヌフの恋人』に学ぶ」の節は以下を参考にした。『ポンヌフの恋人』パンフレット、*CINEA RISE*, No. 38、ユーロスペース、一九九二年。鈴木布美子『レオス・カラックス——映画の二十一世紀へ向けて』筑摩書房、一九九二年。

（亀井克之）

Exercises

自分の言葉でレジリエンスを定義せよ。その定義を補う事例を挙げよ。

刑務所での二年ぶりの再会の場面で、あなたなら相手にどう声をかけるか？

雪のポンヌフ橋での再会。三時の鐘がなった時、あなたならどう言うか？

ミシェルの立場で。アレックスの立場で。

コラム⑥　ヌーヴェル・ヌーヴェル・ヌーヴェル・ヴァーグ

フランスにヌーヴェル・ヴァーグが興ったのは、一九五〇年代半ばのこと。既存のスタジオ製作による古ぼけた映画に飽き足らなかった第二次世界大戦後間もなくの若者たちが、自分たちの手に映画を取り戻すべく動き、世界中へとその波紋を広げてゆく波を生み出したのだった。

だが、当然のこと、その波はいつしか勢いを減じ、ほかの新たな波にのまれることになる。ヌーヴェル・ヌーヴェル・ヴァーグの到来だ。

第二波は、一九七〇年代に興る。ヌーヴェル・ヴァーグたち世代からほど遠からぬ一九四〇年代生まれの若者たち——彼らは実質的に戦争を経験しておらず、また前時代のヌーヴェル・ヴァーグたちのように旧弊なシステムと正面切って対峙することはなかった——にとって、新しい波をさらに推し進めることこそが使命だった。いや、むしろ、減衰してゆく波に新たな刺激を加えたといったほうがよいだろうか。

フィリップ・ガレル、ジャック・ドワイヨン、ジャン・ユスタシュ……それに、生まれは年長ながら、ヌーヴェル・ヴァーグが退いたあとに注目されるようになったモーリス・ピアラも、ここに加えていいかもしれない。前の世代より以上にそれぞれ個性を異ならせた彼らの作品は、それぞれより私的で、より冒険的で、より親密な世界を構築していった。世界的なカウンター・カルチャーの衰退と、それに対する商業主義の台頭という空気のなかで、一九七〇年代の彼らヌーヴェル・ヌーヴェル・ヴァーグたちは、フランス映画を商業主義とは一線を画するものとして、アートな方向へと舵を切らせたといってもいいのだろう。時あたかも、アラン・ドロンがフランス映画の顔として、世界中の、とりわけ日本のスクリーンを席巻していた時代でもある。そうではない、もうひとつのフランス映画を拓いていったのが、ヌーヴェル・ヌーヴェル・ヴァーグたちだった。

さらにその波は一九八〇年代になるとまた新たなものとなってゆく。レオス・カラックス、リュック・

ジャン＝ジャック・ベネックス監督
『ディーバ』（1981年）

ベッソン、そして年長組ではあるがジャン＝ジャック・ベネックスらの時代。彼ら新たな映像派たちに、とくに共通の基盤があるわけではなく、その感性のままに新たな映像を模索した世代でもある。ロック・ミュージックの洗礼を少年時代に受け、音楽と映像がスリリングに絡まり合うなかで青春時代を過ごした彼らとともに疾走し、駆け抜ける主人公たち——。前の世代が、映画のなかに人生を見ようとしていたとしたら、彼らは映画のなかに人生の夢を見ようとした。儚く脆い一瞬を、永遠につなぎ止めるため。

これを追うようにして一九九〇年代には、アルノー・デプレシャンやエリック・ロシャン、パスカル・フェランら、一群のＦＥＭＩＳ（フランス国立高等映像音響芸術学校）出身監督たちの台頭が始まる。世代ごと、新たに派生してゆくヌーヴェル・ヴァーグは、フランス映画を更新し続ける波でもあるのだ。

そして現在、ブリヴ世代とも呼ばれる新たな波がフランス映画界を洗う——カテル・キレヴェレ、ギヨーム・ブラック、ジュスティーヌ・トリエ、そしてアルチュール・アラリ……それまで映画界でほとんど顧みられることがなかった四〇分から六〇分前後の中編映画という枠組みから登場して来た彼らの作品は、いくつもの「ヌーヴェル」を重ねつつ、フランス映画の明日を生きる。

（杉原賢彦）

第
7
章

パンデミック

Pandémie

一九世紀、南仏プロヴァンスを襲ったコレラ。
感染のリスクか純愛か？
コロナ禍の今も問われ続ける終わりなき問いかけ。

『プロヴァンスの恋』(*Le Huissard sur le toit*)
監督　ジャン＝ポール・ラプノー（Jean-Paul Rappenau）
出演　ジュリエット・ビノシュ（ポーリーヌ・ド・テウス）
　　　オリヴィエ・マルティネス（アンジェロ）
1995年　フランス　119分

原作　ジャン・ジオノ『屋根の上の軽騎兵』(*Le Huissard sur le toit*)
1996年　第21回　セザール賞　撮影賞・音響賞
フランス封切り1995年８月
フランス国内観客動員数244万589人
パリ観客動員数33万1033人
(*Ciné-Passions Le guide chiffré du cinéma en France*, 2012, Dixit)

死《パン》の伝《デ》染《ミッ》病《ク》を越えて生き抜く愛、そして自由――作品解説

ヨーロッパは再三にわたって死の伝染病の危機を乗り越えてきた。その渦中、あるいは新たな希望を求めて新大陸アメリカを目指し、あるいは病に倒れた者を越えて雄々しく生き抜いていった。そしてそこからも、文学の名作が数多《あまた》産声を上げ、数多くの映画も生まれた。人々が厄災を越えて生きようと意志するかぎり、新たな生命は生み出され続けるのだと声高にしながら――。

本作『プロヴァンスの恋』が描こうとしているのは、パンデミックに雄々しく立ち向かった人々であり、同時に、そのなかで自らの自由を賭けて生きようと心に誓って抵抗を続けた人々の物語だ。

一八三二年、大革命とナポレオン統治時代を、さらに七月革命を経たフランスには王政が復古し、不安定ではありながらも小康状態のなかで人々は日々を過ごしていた。その一方でイタリア半島では、ハプスブルク家が力をふるった神聖ローマ帝国終焉後の混乱状況のなかで、諸国が覇権争いを繰り広げながら、次第にイタリア統一への機運が醸し出されつつあった。そのさなか、コレラによるパンデミックがヨーロッパ中の人々を襲った……。

本作の主人公は、イタリア統一（リソルジメント）の立役者となってゆく秘密結社カルボナリ党の闘士アンジェロと、謎めいた美女ポーリーヌ。コレラが猛威を振るうなかで出逢ったふたりの騎士道精神に貫かれた愛と、祖国統一のための密使と、そして危険な道行きとが背景となって、壮大な物語を

かたちづくる。その舞台となっているのは、南仏プロヴァンス。

イタリアにも近く、パリを中心としたフランスの中央政権とはまた異なった文化的背景を持った南仏は、フランス文学において、また映画においても例外的な位置を占めてきた。その代表が、文学の世界ではジャン・ジオノだ。フレデリック・バックによる感動的な中編アニメーション『木を植えた男』（一九八七）の原作者としてもよく知られているジオノだが、フランス文学の世界ではもっぱら本作の原作となった『屋根の上の軽騎兵』（一九五一）や『気晴らしのない王様』（一九四七）など、南仏を舞台にした作品で知られる。同時に彼はまた、映画の世界でもなじみが深く、往年の名作として親しまれた『河は呼んでいる』（一九五八）などの脚本家としても著名だ。というのもジオノは、同じ南仏出身の映画監督で、この地に根ざして映画づくりを行ったマルセル・パニョルと親しく、実際、ジオノの小説のいくつかは、パニョルによって映画化されており、そのうちのひとつ『アンジェール』（一九三四）は、

ジャン＝ポール・ラプノー監督『プロヴァンスの恋』（1995年）

脚色こそパニョル自身によってなされているものの、南仏の景観と風物なくしてはその印象も薄くなるほどの作品となっている。

当然のこと、本作の興味のひとつも題名どおりに南仏プロヴァンスの情景であるのだが、麦の刈り入れどきののどかな風景のなかに馬を走らせるアンジェロの姿をフレームに収めたシーンや、雄大な南仏の大地と空をスクリーンいっぱいにとらえたシーンなどなど、映画ならではの映像的興味を満喫させてくれる。だが、見どころは、やはり、人物たちそれぞれの葛藤、そしてパンデミックとの死を賭した闘いそのものだろう。

秘密結社カルボナリ党の密命を受けて軍資金を秘かに届けようとするアンジェロが、マノスクの町（ジオノ自身の故郷でもある）で姿を隠すため忍び入った家でめぐり逢った女性ポーリーヌは、最初はその正体こそ明らかではなかったが、やがて訳あって侯爵夫人となった女性であることが明かされる。ともに旅を続けるうち、互いに惹かれ合ってゆくふたりだが、騎士道精神ゆえにアンジェロは彼女に触れることとすらしない、その御手以外には。だが、時あたかもコレラによるパンデミックの脅威が南仏のそこかしこに死の手を広げつつあった。アンジェロが旅の途上で出逢ったコレラと闘う医師も感染から免れることはできず、彼の前で息を引き取る。やがてその魔手は、ポーリーヌにも襲い来ることになる……。

ヨーロッパの一九世紀は、パンデミックとの闘いの世紀だったとも言われている（二〇世紀は戦争の世紀だったのと対照的でもある）。一九世紀の世界を、四度にわたってコレラによるパンデミックが襲ったのだった。そのうち、一八三一年から三二年にかけてのパンデミックでは、フランスだけでも一〇万人余が亡くなり、さらに一八五四年のパンデミックではさらに多く一四万人余の命が失われたとされている。こうしたコレラによるパンデミック禍への反省が、オスマン男爵によるパリ大改造にもつながってゆくのだが、それはまた別の話（ついでながら、衛生状態に対して人々の自覚が生まれたのも、まさにこの当時のことだった）。

本作はこの一八三一年から三二年にかけてのパンデミックが物語のベースともなっている。このとき、インドからアラビア半島を渡ってヨーロッパへと侵入したコレラ禍は、モスクワ、ドイツを経てフランスへと入り、次第に南下してイタリアへ。最終的に一八三七年まで、コレラ禍は続いたといわれている。この当時、コレラは南の風土病とされていて、ヨーロッパでは治療法も対処法もまったくなかった。人々はまさに徒手空拳で、未曾有のパンデミックに対していたわけでもある。

自然に対する人間の無為・無力と、それでも闘うことの重要さは、本作のテーマそのものであるが、それがさまざまなポイントで変奏されていることにお気づき願いたい。

それはたとえば、侯爵夫人ポーリーヌにとっての、愛なき契約だけの婚姻という運命に対するものであったり、アンジェロにとっての、イタリア統一という遥かな悲願への挑戦であったり、あるいは名もなき医師の、未知のパンデミックとの闘いであったり……。人が生きてゆく途上で、必ずや遭遇する理不尽と不条理を最大に象徴させるもの、それが姿なき死の病の恐怖であったのだ。

だがしかし、これを乗り越えたところに未来は必ずある。本作のエンディングは、コレラによる死に打ち克ったポーリーヌとアンジェロが、朝まだきの光のなかを馬車に乗り、ポーリーヌの故郷の城へと帰るシーンから、その後、彼女が手紙を書くシーンで終わりを迎える。その貌《かみ》に降り注ぐ陽射しのやさしさとまばゆさ。

やがて、イタリアは統一されるだろう、カルボナリ党やマッツィーニの青年イタリアが旧い体制を揺さぶり続け、ガリバルディ率いる赤シャツ隊が南イタリアを征して半島全体がひとつの国に戻されるのだ。人の心もまた、未曾有の経験からなにかが変化し、なにかが実を結ぶのを知るだろう。それらを言葉にするのは、なんだかもったいない、いや、おそらく言葉では表現しようのないなにかなのだ、本当に大切なものは。

愛と自由、そのために闘った人々を、小説や映画はいまによみがえらせ、伝えることができる。そこからなにを汲みとるのか？　なにを見つけるのか？　それが読者の、観客の楽しい仕事でもある。

（杉原賢彦）

『プロヴァンスの恋』に学ぶ

南仏プロヴァンスの大地で

この作品では、全編、南仏プロヴァンス地方の美しい風景が背景に映し出される。この映画の真の主人公は実は南仏プロヴァンスの時に美しく、時に荒々しく広陵な大自然だとも言える。そして、オレンジ色の屋根が彩るプロヴァンスの建物の光景が脇を固めている。

この映画の冒頭と、最後の方では、南仏プロヴァンスの都、エクス・アン・プロヴァンスが舞台として登場する。南仏プロヴァンスと言えば、このエクス・アン・プロヴァンスや、アルル、アヴィニョンなどの街、マルセイユ、カシ、ラ・シオタ、バンドールなどの海辺の街、そしてリュベロン山岳地帯の美しい村々などが頭に思い浮かぶだろう。しかし、この映画の主人公二人が駆けるのは、原作者ジャン・ジオノの生まれ故郷マノスクの町から北東部に広がる荒涼とした山岳地帯だ。ブッシュ・ド・ローヌ県の華やかな南仏プロヴァンスの表玄関、ヴォークリューズ県の美しい自然の中に点在する村々、そして、それらを後で支えるかのような佇まいのアルプ・ド・オート・プロヴァンス県の大自然。本作の舞台はこうした位置関係にある。

本作の社会的な背景は、一八三〇年代のヨーロッパにおけるコレラの大流行だ。新型コロナウイルス感染症に全世界が苦しむ現在、さまざまな示唆を本作から得ることができる。『プロヴァンスの恋』

ではコレラを予防する姿をベースに、ポーリーヌを守りぬくアンジェロの姿、そしてリスクをとって危機を強行突破する姿が何度も描かれる。

感染症のリスク――パンデミックとどう戦うか

麻疹、結核、天然痘、ペスト、コレラ、スペイン風邪、エイズ、エボラ出血熱、そして現在の新型コロナウイルス感染症に至るまで、人類の歴史は、まさにパンデミックとの戦いの歴史であった。パンデミックは、まさしく「リスクの三様相」が当てはまる事象だ。

- ・リスクは隠れている（Risk hides.）
- ・リスクは変化する（Risk changes.）
- ・リスクは繰り返す（Risk repeats.）

パンデミックはまず外襲的なリスクだ。様々な要因で流行が突然始まり、爆発的に進行する。なす術もなく人々は倒れていく。医療現場では懸命の努力が続けられる。専門家による渾身の研究により、病原体が特定され、感染原因や経路が明らかにされる。パンデミックは、予防すべきリスクとなり、治療と感染防止策が実践される。隔離策などの対策の導入や、ワクチンの開発と接種は、リスクをとる戦略的な決断を伴う。

『プロヴァンスの恋』は一八三二年の出来事を描いているが、コレラの発生源が明確に突き止められたのは、一八五四年ロンドンでのことだ。コレラはそれまで空気感染が疑われていた。

ジョン・スノウ医師は、クラスターが発生した地域を調査し、感染マップを作成した。これを分析すると、テムズ川を水源としている地域に感染者が多いことがわかった。そして、ついに、コレラの発生源がブロードストリートのポンプ井戸であることを突き止めた。当時は、下水道の整備が十分ではなく、感染者の排泄物を含む汚水がテムズ川に流されていたのだ。コレラが飲料水によって感染する事実は大きな発見だった。しかし、ドイツの医師ロベルト・コッホが一八八二年にインドでコレラ菌を発見するまでには、スノウの発見から三〇年の月日を要した。

スノウは当時のイギリスで疫学の基礎を築いた。スノウが作成した感染マップの手法は、クラスターを特定する方法として現在も用いられている。また、スノウの発見をきっかけに、ロンドンの下水道の整備や、市街地の衛生環境の改善が進んだ。これは、ナポレオン三世が統治した時代に、パンデミックを契機にオスマンによるパリ市の大改造が行われたのと同じである。*

「リスクは薬（クスリ）」と言われる。リスク・ゼロは理想であるが、現実的には不可能である。リスクがあるからこそ、我々はそれを乗り越えようとして、努力し、進歩する。

パンデミックのリスクは、人類を繰り返し危機に陥れてきた。しかし、その都度、英知を結集して原因が突き止められ、予防策が確立されてきた。人類の歴史は、自然災害や戦争やパンデミックという大きなリスクに対するレジリエンス（復元力）の歴史でもあった。

＊　神野正史『感染症と世界史——人類はパンデミックとどう闘ってきたか』宝島社、二〇二〇年。

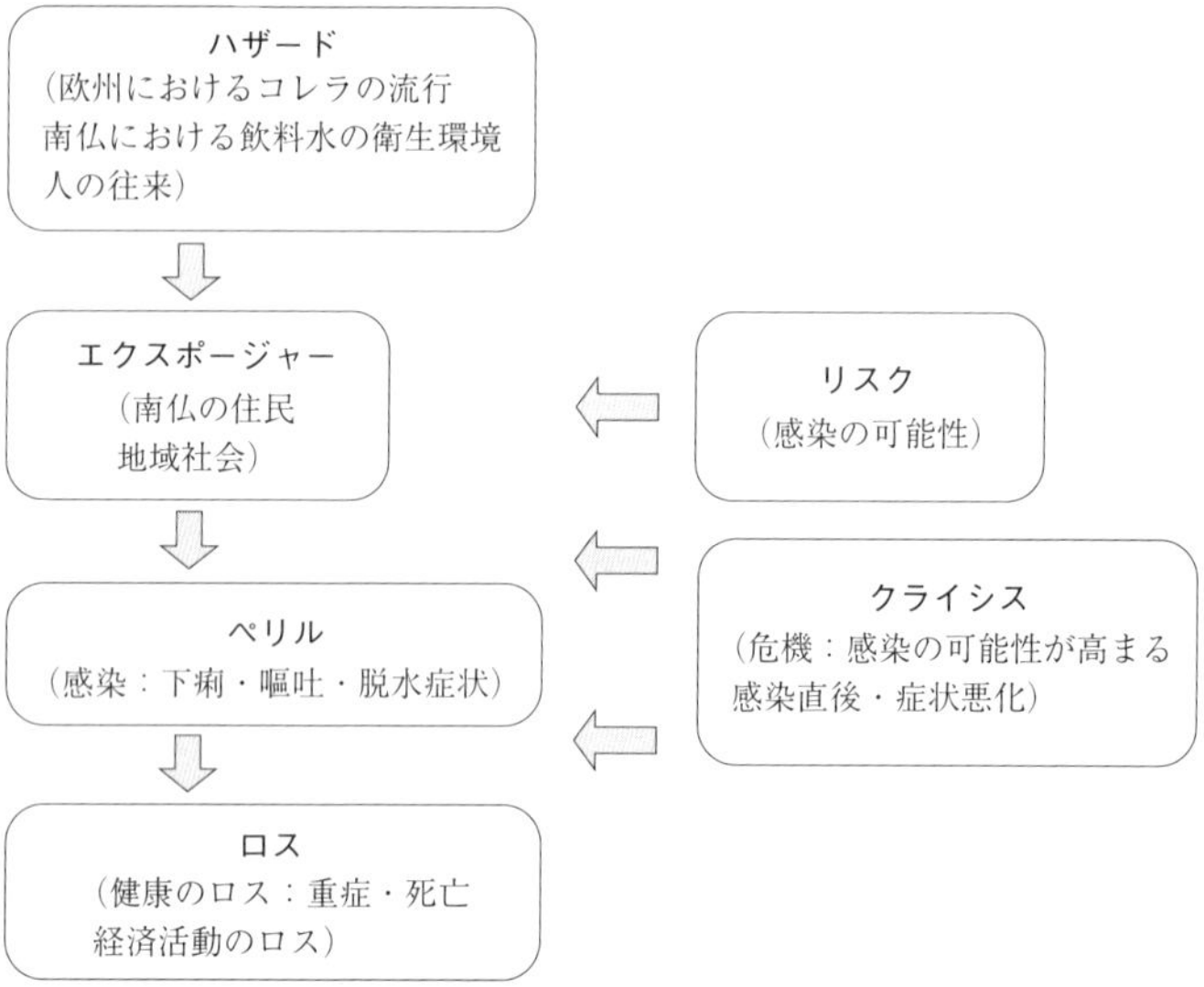

リスクの要素とパンデミック

リスクの要素とパンデミック

『プロヴァンスの恋』が描くパンデミックをリスクの六要素に当てはめて考えてみよう。

　こうした身体的、物理的なリスクに加えて、パンデミックは心理的、社会的リスクをもたらす。

> **パンデミックの心理的・社会的リスク**：パニック、治安悪化、デマ、誹謗中傷、偏見、差別

　リスクの制御、リスクコントロールには、ハードコントロールとソフトコントロールがある。パンデミック対策の場合、疫学的対策、医学的対応というハードコントロールに加えて、社会的・心理的リスクへの対応という意味からも禁止、制限、要請、指導、啓蒙、情報提供によるソフトコントロールが重要にな

ソフトコントロール

- トップの危機管理，リーダーシップ
- 人々の危機意識
- 中央指揮センターの存在
- 過去からの学習力
- リスクコミュニケーション
- 生活習慣，文化他
- （レジリエントな）考え方

ハードコントロール

- 個人・組織での３密対策，マスク
- 早期発見（検査）
- 規制（入国，外出，店舗閉鎖）
- 医的対応（病床，設備，ワクチン，治療薬）
- 行動履歴確認他

Covid-19に対するハードコントロールとソフトコントロール

（出所）　尾久裕紀「新型コロナウイルス感染症におけるリスクマネジメント」上田和勇編著『復元力と幸福経営を生むリスクマネジメント』同文舘出版，2021年。

る。

『プロヴァンスの恋』では、感染症の恐怖にかられた群衆のパニックが描かれる。マノスクの町でも、「コレラは嘘だ」「労働者を殺せと政府に頼まれたな」といった流言が行き交う。よそ者は感染源と決め付けられ、人々のストレスのはけ口となってなぶり殺される。

一九八〇年代から一九九〇年代のフランス映画を代表する俳優ジェラール・ドパルデューが本作では脇役としてマノスクの警察署長を演じる。署長は言う。「泉に毒を入れたのは誰かと、みんな密告しあっている。コレラより怖いのは人間の心だ」。署長は、連行されてきたアンジェロをろくに取り調べもせずに、「このままじゃみんなに私は殺される」と言って逃げ去って行く。

現在の新型コロナウイルス感染症についても、人々の不安の解消、啓蒙、正しい情報提供が重要になった。まず、ハザードについては、三つの密の解消だ。①換気の悪い密閉空間、②多数が集まる密集場所、③間近で会話や発声する密接場面の解消を促す啓蒙がなされた。具体的にはソーシャル・ディスタンスをとることの要請だ。また感染リスクの軽減策として、マスクの着用や手指消毒の徹底が促されている。

パンデミックでは、究極のリスクコントロールとして、ロックダウン（都市封鎖）が実施される。『プロヴァンスの恋』では軍隊が投入されて、感染都市からの移動が封じ込まれる様子が描かれる。

アルベール・カミュ『ペスト』――ロックダウンされた街

全世界で新型コロナウイルスへの対策が繰り広げられている。医療現場での献身的努力、外出制限令、市民の忍耐と連帯。街と市民を襲った感染症との闘いは、アルベール・カミュが一九四七年に発表した小説『ペスト』の中で描いた通りの状況になった。二〇二〇年三月一七日から五五日間、フランス全土で実施された厳格なロックダウンなど、世界各地で行われたロックダウンは、カミュが『ペスト』で描写したのと同じような状況を招いた。

本作は宮崎嶺雄訳、新潮文庫（一九六九年、改版二〇二〇年）で読める。

アルジェリアの海岸都市オランで鼠《ねずみ》の大量死に続き、街中で人々が熱病に倒れていく。ペストが流行し始めたのだ。城門は閉じられ、城壁に囲まれた都市は外界から遮断される。隣人が次々とペストで死んでいく中、市民は極限的状況での生活を強いられる。医師リウーは、医療の最前線に立ち、献身的に治療に尽力する。市民の間には、連帯感が生まれ、ついに市は解放される。

天災というものは、事実、ざらにあることであるが、しかし、そいつがこっちの頭上にふりかかってきたときには、容易に天災とは信じられない。この世には、戦争と同じくらいの数のペストがあった。しかも、ペストや戦争がやってきたとき、人々はいつも同じくらい無用意な状態にあった（五五頁）。

自分の目で見ることのできぬ苦痛はどんな人間でも本当に分かち合うことができない（二〇四頁）。ペスト菌は決して死ぬことも消滅することもないものであり、数十年の間、家具や下着類のなかに眠りつつ生存することができる。部屋や穴倉やトランクやハンカチのなかに、しんぼう強く待ち続けていて、そしておそらくはいつか、人間に不幸と教訓をもたらすために、ペストが再びその鼠どもを呼びさまし、どこかの幸福な都市に彼らを死なせに差し向ける日が来るであろう（四五八頁）*。

『ペスト』のような文芸作品から、リスクマネジメントや危機管理を学習できる。映画も同様だ。また、リスク感性を磨くという観点から、アート（芸術）は有効である。絵画を観る、映画を観る、音楽を聴く、文学作品を読むことを通じて感性が育まれる。もちろん能動的に、絵画を描く、歌を歌う、音楽を演奏する、文章や詩を執筆することは感性を育む。

決断には理性と感性の両方が必要である。リスクマネジメントや危機管理の決断は、時間と情報の不足した状況で行われる。したがって、経験に基づく感性が重要な役割を担う。

さて、フランスではコンフィヌモンと呼ばれたロックダウンは何をもたらしたのか。フランスで二〇二〇年三月一七日から五五日続いた最初のロックダウンは過酷だった。生活必需品の購入、医療機関に行く場合、託児と介護、自宅から一キロ以内で一日一回一時間個人で行う運動以外の外出は禁止された。外出する場合は、証明書を携帯する必要があった。取締りに一〇万人の警官が動員され、違反者には罰金が課された。このコンフィヌモンの体験について、フランス人、フランス在住の日本人の声を拾った。

最も印象的だったことは何か？：「静寂」「自然の物音（鳥のさえずりなど）」「地産地消への回帰」「連帯感」「テレワーク」「これからどうなるかという恐怖」「生きている間にこんなことを経験するとは予想だにしなかった」。

何が変わったか？：「家族と向き合う時間ができた」「料理に時間をかけるようになった」「食への意識がとても上がった」「今を大切にする意識が強くなった」「Ｚｏｏｍを使って交流するようになった」「しがらみに時間や労力を割く無駄さを感じた。それゆえに、罪悪感や情を感じることなく、手放せるようになった」。

パンデミックはいつの時代も、人々に危機をもたらすと同時に、それを乗り越えるための疫学的、医学的、物理的な進歩に加えて、時間の概念、公共心、向上心など、心理的な変化をもたらしてきた。『プロヴァンスの恋』では、コレラの蔓延というパニック状況の下、周囲の混沌や汚染とは対照的に、ポーリーヌとアンジェロの抑制されたプラトニックな愛情が浄化されていく。

＊　引用部分はアルベール・カミュ『ペスト　改版』宮崎嶺雄訳、新潮文庫、二〇二〇年より。

『プロヴァンスの恋』のターニングポイント

本作にはターニングポイントが二つある。一つは、作品の冒頭、追手から逃れて、エクス・アン・プロヴァンスからマノスクに向かうアンジェロが、途中の村で、コレラによって人々が死んでいるのを目撃する場面だ。その時、医者に出会う。医者は、コレラに罹患した患者を診療する。医者は患者の口に酒（アルコール）を注ぎ、身体をマッサージする。アンジェロは、パンデミックの正体を知る。酒（アルコール）で手を洗い、酒で濡れた手に炎をつけ、消毒することの有用性も実感する。しかし、急にその医者が痙攣を始め、コレラの症状を示す。アンジェロはさっきその医者自身が患者に施療するのを見た通り、口に酒を含ませ、身体をマッサージする。しかし、医者は息を引き取る。この時の体験により、アンジェロはコレラの怖さ、施療法、手指消毒の有用性について、身をもって知ることになる。

その結果、作品終盤で、ポーリーヌがコレラの症状を見せて倒れた時、的確に対応することができた。抑制されたプラトニックな愛情を貫いてきたアンジェロがポーリーヌの衣服をはぎとる。口に酒を注ぎ、その美しい裸身に酒を塗って、一晩中マッサージを続ける。それは必死の治療であり、かつ、究極のラブシーンでもあった。結果として、ポーリーヌは一命を取りとめる。

プロヴァンス地方の都エクス・アン・プロヴァンス（1997年秋，亀井克之撮影）

本作のもう一つのターニングポイントとなったのは、夫のテウス侯爵が待つテウスを目指すポーリーヌが、その途上、モンジェイの街に寄る場面だ。ここで、モンジェイ市長のペロル氏との会話から、本作のさまざまな謎が解き明かされる。アンジェロは、ポーリーヌとペロル氏の会話を盗み聞きして、ポーリーヌが実はテウス侯爵夫人であることを知る。同時に、テウスまでの道中、ポーリーヌを守り抜くことを決意する。

この映画のラストシーンはあまりにも美しい。侯爵の待つテウスまでポーリーヌを送り届けた後、アンジェロはイタリアに帰って行く。その後、ポーリーヌが何度もアンジェロに手紙を書く場面が続く。返事は来ない。ところが、ある日、待ち焦がれたアンジェロからの手紙が届く。映画の中では、抑制に抑制を重ねて、プラトニックな純愛を貫いた二人。決してお互いの気持ちを吐露することはなかった。しかし、離れ離れになった後、手紙のやり取りで愛情が表明されるようになったようだ。映画は待ちに待ったアンジェロからの返事をポーリーヌが読む場面で終わる。手紙の内容は明かされない。背景は頂に雪を残すプロヴァンスの美しい山脈だ。生々しいパンデミックの混濁と、清く内に秘めた感情がコントラストを成す。南仏プロヴァンスを舞台に繰り広げられた本作に相応しいエンディングだ。

（亀井克之）

Exercises

リスクコントロールにおいてソフトコントロールはなぜ大切なのか説明せよ。

感染症が蔓延した街に、あなたは大切な人を助けに行くか？

感染のリスクをとるか、純愛をとるか？　思いを秘めた人が感染症の典型的な症状を示し出したらどうするか？

コラム⑦ ソーシャル・リスクマネジメント

新型コロナウイルス流行のようなパンデミック、自然大災害、原子力発電所の事故、家庭内暴力など、社会全体に影響を及ぼすリスクをソーシャル・リスク（社会的リスク）という。こうしたリスクに対しては、個人、地域社会、企業、行政、学校などが連携して対応する必要がある。これをソーシャル・リスクマネジメントと呼ぶ。社会問題への社会全体での取り組みを意味する。

社会問題を描く場合、ドキュメンタリー映画が有効だ。ジャン＝ポール・ジョー監督『未来の食卓』（二〇〇八）は、食の安全を問うドキュメンタリー。食品添加物や農薬の危険性を取り上げた。南仏バルジャック村で給食の食材をオーガニックに切り替えた様子を描く。同監督の『セヴァンの地球の直し方』（二〇一〇）は一九九二年の地球環境サミットで演説した一二歳のカナダ人少女セヴァン・スズキが一八年後も地球環境保護運動の先頭に立っている様子を取り上げる。

『霧の向こう』（2013年）

ケイコ・クルディ監督は、東京で報道特派員だった父親から岸惠子にちなんだ名前を授かった。第二の祖国日本を襲った東日本大震災の報に接し、いても立ってもいられなくなった彼女は急遽来日。原発事故が発生した福島で、カメラ片手に被災地の人たちを回って生の声を集めた。インタビューをまとめた

『ジュリアン』（2017年）

作品が『霧の向こう』（二〇一三）。クルディ監督は福島での調査を継続し、第二作『見えない島』（二〇二二）を発表した。二つのドキュメンタリーはフランス人の視点から、原発事故が地域社会に及ぼした影響を伝えている。

　家庭の問題もフランス映画で描かれる。フランスでは毎年一〇〇人以上の女性が男性からのドメスティック・バイオレンスで命を落としている。三日に一人の計算になる。この問題は『男と女』に主演したジャン＝ルイ・トランティニャンの娘マリーが二〇〇三年に恋人に殴られて死亡する事件が発生して注目されるようになった。フェミサイド（女性殺害）対策は大統領選の争点の一つにもなっている。グザヴィエ・ルグラン監督『ジュリアン』（二〇一七）は、離婚した夫による元妻へのストーカー行為を描く。銃を持った元夫が押しかけてくる場面には身の毛がよだつ。児童虐待については、地方都市ティエールを舞台に子どもたちの姿をみずみずしく描くフランソワ・トリュフォー監督『トリュフォーの思春期』（一九七六）の中で取り上げられている。クロード・パラス監督のアニメ映画『ぼくの名前はズッキーニ』（二〇一六）は、ネグレクトや虐待などさまざまな問題で児童養護施設に預けられた子どもたちを描いている。

（亀井克之）

第8章
ブレイクスルー（危機突破）

Percée de crise

あなたがもし体の不自由な富豪フィリップなら、
得体の知れぬ粗野な青年ドリスを介護人として雇うか？

『最強のふたり』（*Intouchables*）
監督　オリヴィエ・ナカシュ，エリック・トレダノ
　　　（Olivier Nakache et Eric Toledano）
出演　フランソワ・クリュゼ（フィリップ）
　　　オマール・シー（ドリス）
2011年　フランス　113分

2011年第24回東京映画祭グランプリ・主演男優賞（フランソワ・クリュゼ／オマール・シー）
2012年第37回セザール賞主演男優賞（オマール・シー）
フランス封切り2011年11月
フランス国内観客動員数1949万3921人（歴代フランス映画第２位）

ひとつの決意は人を強くし、不可能な友情を可能にした――作品解説

フランスは階級社会である。この単純な事実は、しかし、日本人にとってはなかなかにイメージしにくいものだ。一八世紀末から一九世紀、大革命、七月革命、二月革命と（その間には、『レ・ミゼラブル』の主要な舞台となる六月暴動もあった）、フランスは度々の革命の季節を迎えるが、そのいずれもが階級闘争だった。これらの革命＝階級闘争を経て、王侯貴族＋僧侶から、大ブルジョワ、市民へと、国民＝国家へと主たる権力は移り、フランスの民主主義は完成されていった。

この歴史的な事実が、実は本作『最強のふたり』と大きくかかわっている。というのは、本作の原題は「Intouchables」、つまり「（互いに）手に触れられない、手を触れてはならない」という意味であり、この映画の主人公たちも、本来ならその階級差ゆえ、まず出会うことのない、たとえ街中ですれ違うことはあっても、言葉を交わすことすらあり得ないふたりだった。そのふたりがたまたま出会い、あろうことか固い友情によって結ばれてゆく。そのときなにが起こったのか？　あるひとつの決意と、その決意を生んだ発想の転換が、そしてそれらの背景にある人間としての友愛の精神が、なにより本作のテーマとなっているのだ。

主人公のふたりは、片やセネガルからの移民で、社会の最底辺に暮らすドリスと、代々続く富豪の家に生まれた伝統的フランス人のフィリップ（映画では明らかにされないが、おそらく貴族の家系であるこ

とも匂わされている）。ところがなに不自由ない人生を送っていたフィリップは、ある日、パラグライダーでの事故により、首から下の身体がまったく動かせなくなってしまう。言葉を発することは不自由しないものの、歩くこともできなければ、自由に手足を動かすこともままならない。介護者がいなければ、なにもできない状態におかれて久しかった。新たに住み込みで介護できる人材を探すことにしたフィリップは、応募者のなかのひとりに型破りな振る舞いをする黒人青年がいるのに目を留める。彼こそ、ドリスだった。とくに採用されるアテもなく、失業保険を継続的にもらえるよう、その小細工のため、不採用を承知で応募だけしてみたのだ——。

オリヴィエ・ナカシュ、エリック・トレダノ監督『最強のふたり』（2011年）

人生のおもしろさは、どう転ぶか、なにが要因でそうなってしまうのか、しかとは分かりようがないところかもしれない。本作でも、フィリップの通常ではあり得ない決断から、ふたりの人生が大きく動き始めることになるのだから。「禍転じて福となす」ではないが、フィリップのこの決断は、禍に禍を重ねるようなものだと周囲の人間には思われたものの、そこにこそ人生を変えるカギが転がっていたのだ。

やがて、フィリップの邸宅に部屋を与えられ、介護人として働くことになったドリス。ところが、彼のやることなすこと、障がい者に対してこれでいいのか？　と思わせるような少々乱雑な扱いばかり。が、しかし、フィリップはその振る舞いのなかに、容赦なくほかの人と同じに見てくれるドリスの心遣いを見つけてゆく。障がい者としてではなく、他となんら変わらぬ人間としてつきあってくれるドリスに、彼の心は開かれてゆく。

足を骨折した不自由を味わったことがある人なら分かると思うが、自分の足で歩くことができないというただそれだけのことが、どれほど苦痛で屈辱的でしかもいまいましいことか。ドアの前では必ず止まって誰かの介助を受けないといけないし、そんなことすらできないのかという情けない思いのなかで逡巡を経験したことがあるという人は多いはずだ。むしろ必要以上にやさしくされるより、勝手に放っておいて欲しいとさえ思える瞬間だってあるだろう。

その一瞬の逡巡をどう打ち破るか、本作の主人公フィリップにとっては、大きな一歩だったことが見えてくるはずだ。そしてその一歩は、意外にもほんの少しの勇気と、常識にとらわれない自由と、人間としてもっとも重要ななにかを見つけられるかどうかに拠っているのだ。それを、本作はさまざまなポイントで気づかせてくれる。

たとえば、ふたりが好む音楽。行儀よく上流階級にフィットするよう育てられたフィリップが好むのはクラシック音楽であり、それもヴィヴァルディ、バッハ、シューベルト、ショパンと伝統的なもの。パリの黒人移民文化のなかで育ったドリスにとってはロックやソウルがメイン（映画では、アース・ウィンド&ファイアーの名曲「セプテンバー」をバックにしたダンス・シーンが印象的だ）と、まったく対照的。だが、音楽とはなんなのか、人の心を慰め、活気づけ、楽しみを与えてくれるというその役割に、クラシックもロックもその垣根はない。それをどのように楽しむのか、味わうのかという違いがあるにすぎない。

階級差もまた、人が人であるかぎりにおいて、心を通い合わせられないはずがないのだ。そのもっとも根源的で大切な事実は、なによりフランス映画が伝統的に描いてきたものだった。たとえば、ジャン・ルノワールの『大いなる幻影』（一九三七）には、階級ばかりでなく、敵と味方に分かれて戦う者同士のあいだにも友愛は生まれるのだと示していたし、ルネ・クレールの『自由を我等に』（一九三一）には、大工場を持つ社主となった男と、かつてのムショ仲間でいまは一介の労働者にすぎない男との忘れがたい友情が描かれていた。いくつもの階級闘争を経てきた国であるフランスは、またその階級差を乗り越える術をも磨いてきたのだった。

その精神をいまに受け継ぎ、本作はフランス映画史上でも屈指の大ヒットを記録する。二〇世紀末以来、社会に忍び入ってきた分断の危機。アメリカはトランプ大統領の下でその社会的分断を大きなものにして、いまなお、その亀裂が狭まることはない。ふたつにいがみ合って生きることが、それほど楽しくも、実り多いものとも思えないのだが。『最強のふたり』が表明しているのは、その分断を乗り越えようとする決意と、そこにおいて既存の価値観や思い込みをいったん外してみることができる勇気についてなのだ。そしてその結果が、どんなものになるだろうかという、人間関係の可能性の物語なのだ。

ところで本作は実話をもとにした物語であることも知られている。フィリップ・ポッゾ・ディ・ボルゴという、コルシカ貴族の家系の末裔である人物が書いた書物"Le Second souffle"をもとに、当の人物たちにも話を聴きながら、脚本が書かれていったのだった。現実の最強のふたりは、一〇年にわたって交流が続き、パリからモロッコへ、そこで現地の女性と恋に落ちた介護人のため、フィリップは契約を解除する。が、その後もふたりの友情は変わっていないとのこと。

映画が人生の総体を描くことができるとは思えないし、実際、できない相談だろう。だが、人生が変わるきっかけとなった小さな瞬間とその決意に焦点を当てて、そこから生まれるかもしれない可能性を考えてもらうようにすることは、映画のもっとも得意とするところだ。これをなにか奇跡的な物語だと思うかどうかは、その人次第。我々の人生のまわりには、こうした小さな奇跡にも似た物語はいつでもどこでもあふれている。それに気づくかどうか、そしてその背後にある小さな決意と決断に思いを至らせることができるかどうか。

二〇一一年末からフランス国内で上映された本作は、次第にその評価を募らせ、社会現象ともなる記録的なヒットと話題を提供した。二〇一三年には、全世界でもっとも見られたフランス映画ともなる。この評価の最初のきっかけは、東京国際映画祭でのグランプリ受賞だったことも付記しておこう。

（杉原賢彦）

『最強のふたり』に学ぶ

危機突破

この映画は、いきなり危機を突破する場面から始まる。ドリスは助手席にフィリップを乗せて、セーヌ川沿いの道路を爆走する。猛スピードでジグザグに車を進めて、前を行く車を次々と追い越して行く。やがて、パトカーに追いかけられる。別のパトカーに前方を遮られて、万事休す。ドリスは警官たちに身柄を拘束される。しかし、ドリスは凄む。「病院に急いで連れて行かなきゃならないんだ。車いすを積んでるだろ。死んだら、お前の責任だぞ！」。警官はうろたえて、トランクを開けると確かに車椅子が積んである。助手席を覗きこむと、フィリップが苦しそうに頭を振って、口からはよだれがこぼれ出ている。後でわかるがこれはフィリップの迫真の演技だった。警官は慌てて、救急病院までパトカーで先導すると言う。救急病院でパトカーが去った後、ドリスとフィリップは顔を見合わせて笑う。駆けつけた職員を尻目に、車で走り去る。

このオープニングの後、物語は始まる。そして、後半、クライマックスへと向かう場面で、映画は再びこのオープニングの場面につながる構成になっている。

前章までで見てきたように、私たちは、リスクを特定し、その発生確率と損失可能性を想定し、どのように対応するかを決定する。物理的な対策（リスクコントロール）を実施し、保険などの財務的な準備（リスクファイナンス）をする。いよいよリスクが顕在化する可能性が高まったり、事故や災害が発生すると、危機（クライシス）に直面することになる。これが危機管理、あるいは危機対応だ。本当に絶体絶命のピンチでは、危機管理や危機対応というよりも、危機突破という表現が適当だ。「最強のふたり」のオープニングでは、警官に追い詰められ、ピンチに直面する。それでも、ドリスはジョークを絶やさず、落ち着き払う。フィリップは迫真の演技で警官を信じ込ませる。こうして、二人はこの危機を突破した。

フィリップの妻は、五回の流産を繰り返した末、難病となった。そして亡くなった。その悲しみを忘れるためか、フィリップは、極限のスポーツに挑み続けた。より速く、より高く。結果、パラグライダーの事故で半身不随になってしまった。まさに二重の危機に陥った。しかし、フィリップは言う。「体の痛みより、心の痛みだ。一生辛いのは彼女の不在だ」と。フィリップは、ドリスを雇用するという大きな決断の結果、異文化と触れ合い、人生の危機を突破することになっていく。

危機突破の事例――桶狭間の戦い・スーパードライの開発

危機突破とは何か。映画以外の事例を見てみよう。

日本史における代表的な危機突破の事例は、戦国時代の桶狭間の戦いだろう。永禄三（一五六〇）年六月一二日、尾張国に侵攻した駿河国の今川義元率いる二万五〇〇〇の大軍に対して、尾張国の織田信長が相手本陣を奇襲し、今川義元を討ち破った。今川軍の一〇分の一の軍勢しか持たない織田信長は、劣勢が確実視されていた。そうしたなか、冷静に敵の情勢を把握し、雨中、的確に敵の本陣を突いた。歴史にはこうした危機突破の事例が数多くある。

次に日本企業による危機突破の古典的な事例として、アサヒ・スーパードライの開発がある。一九八二年、業界三位のアサヒビールのシェアは、創業以来初めて二桁を割り込み、九・九％となった。当時、業界首位のキリンがシェア約六〇％、二位のサッポロがシェア約二〇％を占めていた。慢性的なシェア低下により、アサヒビールは経営危機に瀕していた。

経営再建のため、一九八二年三月、住友銀行から村井勉が第五代目社長として送り込まれた。村井は、まず手始めに、第四章で取り上げたジョンソン＆ジョンソンの「我が信条」に倣って、「経営理念」を制定した。経営理念としては、①消費者志向、②品質志向、③人間性尊重、④労使協調、⑤共存共栄、⑥社会的責任、の六項目が制定された。次にＣＩ（コーポレートアイデンティティ）が刷新された。さらに、味を見直すためのプロジェクト・チームが設置され、五〇〇〇人を対象とした嗜好・味覚調査が実施された。こうしてドイツのビールが持つどっしりした「コク」とアメリカのビールのすっきりした感じの「キレ」を兼ね備えた「コク・キレ」ビールが開発された。村井は、ビールの味を変えて新製品を開発するという大きなリスクをとる決断を下した。

一九八五年三月に、六代目社長として、住友銀行出身の樋口廣太郎が就任した。村井の時代に開発された「コク・キレ」ビールは、「スーパー・ドライ」として一九八七年三月に発売された。「コクがあるのにキレがある」のキャッチフレーズ、現場で活躍する人物を起用したＣＭが後押しし、何よりも新しい味が消費者に受け入れられた。アサヒ・スーパードライは大ヒットした。これが推進力となって、アサヒビールは危機を脱した。

一九九二年九月に、生え抜きの瀬戸雄三が七代目社長に就任した。遂に、一九九八年、アサヒビールのシェアは三九・九九%となり、キリンの三八・八%を抜いて、業界トップに立った。実に四五年ぶりのことだった。アサヒビールの危機突破は、①経営理念、CI、品質管理など社内体制の構築、②五〇〇〇人嗜好・味覚調査の裏付けを得て、味を変えるという大きなリスクをとってのコク・キレビールの開発、③フレッシュマネジメント（鮮度管理）、④村井・樋口・瀬戸の危機管理とリーダーシップによるものだった。

オイカワデニム——経営危機を乗り越える商品開発

では、中小企業の事例も挙げておこう。危機に直面した企業が、新たなブランドや商品の開発によって、危機を乗り越えることがある。また、危機が契機となって、新たな理念を認識するようになり、そのことが新たな商品開発につながることがある。その例が東日本大震災の被災地である気仙沼にあるオイカワデニムだ。同社は、海外生産された低価格ジーンズが市場を席巻する中、メイド・イン・ジャパンの確かな技術力で世界的に高い評価を得ている。

元々呉服店を営んでいた及川明・秀子夫妻は、デニムのジーンズ生産へと事業転換を図って、一九八一年にオイカワデニムを創業した。だが、一九九一年に明が病死し、秀子が社長を継いだ。

下請け生産をしていたオイカワデニムは、大手ブランドが海外生産に切り替えたため、注文が激減して、経営危機に陥った。仕事がなくなり、辞める社員も出てくる中、「仕事がないなら、自由に好きなジーンズの試作品を作ってみよう」ということになった。これが二〇〇六年に独自ブランド「スタジオゼロ」を立ち上げることにつながった。メイド・イン・ジャパンの商品をゼロから開発するという思いがブランド名に込められた。スタジオゼロの特長は、世界初となる麻だけでできた縫い糸にあった。日本の職人が丁寧に縫い上げた、履き心地がよく、前ポケットなどの機能性にも優れるスタジオゼロは海外でも高く評価されるようになった。

メイド・イン・ジャパンのスタジオゼロの品質は、危機において証明されることになる。二〇一一年三月一一日東日本大震災が発生し、津波が気仙沼を襲った。三年前に高台に移転していた工場は被災を免れたが、海辺にあった社長の自宅や倉庫が流された。工場は、一五〇人の地域住民の避難所となった。津波から四〇日後、倉庫から流されたジーンズが見つかった。発見されたジーンズは、ほつれ一つない状態だった。

工場再開に当たり、地域再生に貢献すべく、被災失業者を積極的に受け入れた。再開第一号製品として、大きめの手提げ袋が作られた。これは、持ち物の少ない避難所生活で、たんす代わりに使えるように考案されたものだった。この手提げ袋は、ミシンの縫い方がすべて直線でよいため、未熟練の新規雇用社員でも作ることができた。さらに、大漁旗から切り取った布が縫い付けられた。当初は津波で実際に流された大漁旗が消毒して使われた。これには、津波のことをいつまでも忘れないという思いが込められた。手提げ袋だけでなく、名刺入れ、コースター、ブックカバーなども作られ、「Shiro0819」というブランドが付けられた。Shiroは白で、白紙からの出発を意味し、0819は、社長がブランド立ち上げを思いついた二〇一一年八月一九日から来ている。

避難所生活を通じた漁業関係者との交流によって、オイカワデニムの及川洋専務（二〇一六年から社長）は、いろいろなことに気づいた。例えば、気仙沼が水揚げ量日本一を誇るメカジキの角は、利用価値がなく捨てられていることを知った。東日本大震災直後、物資がなくて、苦労した体験から、物を大切にすること、資源を有効利用する意義を痛感していた。その思いが、メカジキの角を粉にして、焼いて灰にして用いたデニム生地の開発につながった。こうしてできたメカジキ・ジーンズは二〇一五年に販売が開始された。*

＊ 及川秀子「日本の新しい希望――メイド・イン・ジャパン　オイカワ・デニムの取り組み」日本リスクマネジメント学会第四一回全国大会、東北福祉大学。

世界のブドウ畑を襲ったフィロキセラ禍からの危機突破の事例

危機突破のもう一つの事例として、一九世期後半に世界のブドウ畑を襲い、ワイン産業に大打撃を与えたフィロキセラ禍の克服の事例を挙げてみよう。ワインの生産はブドウの栽培から始まる。ブドウの栽培は気温や降水量などの天候に左右される。霜や雹に加えて、暴風や洪水などでブドウ畑が被害を受けることがある。加えて、うどん粉病、ベド病、晩腐病などのブドウ固有の病気の影響を受ける。しかし、歴史上、世界のブドウ栽培とワイン生産を大きな危機に陥れたのは、一九世期後半に猛威を奮ったフィロキセラだった。フィロキセラは、日本では、ブドウネアブラムシと呼ばれる。その名の通り、ブドウの根に寄生する虫だ。樹液を吸って、根をぼろぼろにして枯らしてしまう。成虫になると羽根を生やして飛んで移動し、被害を拡散する。

一八六三年に南仏のコート・デュ・ローヌ地方のブドウ畑でフィロキセラによる被害が初めて確認された。その畑では前年にアメリカからブドウの苗を購入して植えていた。やがて当時謎だったブドウが枯れていく現象は、フランス全土のブドウ畑に拡大した。フランスのワイン生産の三分の二が失われるという大被害がもたらされた。伝統的なワイン生産者がブドウ畑を失い破綻していく例が見られた。

一八七〇年代に入ると、アメリカ、ドイツ、スペイン、イタリアにも被害が広がった。一八八二年には、日本でもフィロキセラによる被害が確認された。

フィロキセラによる危機に直面したフランスでは、被害が拡大する一八六六年に、ブドウ栽培者の一人ガストン・ジパールが、モンペリエ大学の薬学教授ジュール＝エミール・ブランションに原因究明を依頼した。ブランションは、サン・レミ・ド・プロヴァンスのブドウ畑で研究を開始した。そして、被害にあったブドウの樹の根には、小さなダニのような虫がびっしりとついていることを発見した。しかし、有効な対策が打ち出せないうちに、成虫になったフィロキセラが飛散して、被害地域を拡大していった。化学者ポール・テナール男爵によって、二硫化炭素による駆除が考案されたが、この方法には安全性の問題があった。

一八六九年になるとボルドー出身の化学者レオ・ラリマンらの研究により、輸入ブドウの中にフィロキセラに免疫性を有する品種があることがつきとめられた。ブランション教授は、フィロキセラがアメリカ生まれではないかと考えた。そして一八七三年にアメリカに渡って、フィロキセラに免疫性を有するのはアメリカ産のブドウ品種、リパリア種、ルペルトリス種、ベルランディエリ種であることを発見した。一方で、ブランション教授は、フィロキセラは、ヨーロッパ系のヴィティス・ヴィニフェラ種に寄生することも解明した。

この発見によって、フィロキセラに免疫性のあるアメリカ産の三つのブドウ品種の台木に、ヨーロッパで栽培されてきたヴィティス・ヴィニフェラ種のブドウ品種を接木するという対策が考案された。しかし、その後、なんと二硫化炭素による対策派と、アメリカ産台木にヨーロッパ産の接木をする対策派による激しい対立が起こった。伝統的なヨーロッパ品種を新参国アメリカの台木に接木することへの否定的な感情があった。

しかし、接木による対策は、薬品を使わない安全で安心な方法であったことと、一部だけ接木にしても結局被害が残って効果がないので、フランス全土でアメリカ産の台木にヨーロッパ産の接木をする植え替えがフランス全土で実施されることになった。この方法は世界で採用され、こうして一九世紀末までに、フィロキセラ禍の危機突破は成し遂げられた。*

＊ 山本博『ワインが語るフランスの歴史』白水社、二〇〇九年。

落ち着いた介抱が道を拓き、心も開く

映画に戻ろう。この作品には、ターニングポイントとなる場面が三つある。まず、ドリスが寝ていると、フィリップと通信するための装置から、苦しむ息づかいが聞こえてくる場面だ。部屋を覗くと、フィリップが息苦しそうにしている。ドリスは落ち着いて、濡らしたタオルをフィリップの頬、額、首筋にあてる。「落ち着いて。ゆっくり息をするんだ。大丈夫だから」。フィリップは「空気を、空気を」と苦しみながら言う。ドリスは、フィリップを車椅子に載せると、深夜のパリに連れ出す。落ち着いたフィリップは「朝四時のパリなんて久しぶりだ」と言う。

フィリップは、深夜のセーヌ川沿いの散策の後、深夜、サンジェルマンにあるカフェ「ドゥ・マゴ」で、はじめてドリスに身の上話をする。折しも、ドリスが介護を始めて一月が経過していた。フィリップは「試用期間は終わった。本採用だ」と言う。二つの異なる文化が溶け合い、新たな何かが生まれた瞬間だった。

さらに、フィリップが、いつものように、文通相手に、文学的な表現で文章をアシスタントのマガリに書き取らせている場面だ。横でやりとりを聞いていたドリスは、「半年も文通だけで話したことはないのかい」と驚く。ドリスはおもむろに手紙に書かれた電話番号をプッシュする。フィリップが「止めろ」「止めろ」と言うのも聞かず、ドリスはフィリップに電話を渡す。文通相手のエレオノールにつながる。マガリとドリスが席を外すと、半年間、手紙のやりとりだけだったフィリップは最初はぎこちなく、やがて喜びに満ち溢れて話し出す。もし、ドリスがこの時に、乱暴ではあったが、強引

フィリップとドリスが時速12キロの車いすで駆け抜けるレオポール・セダール・サンゴール橋（2021年10月，亀井克之撮影）

に二人を電話で繋がなければどうなっていたか。おそらくフィリップは障がい者であることを知られたくないがゆえ、いつまでたっても、さらなる一歩を踏み出せなかったのではないか。

さらに、もう一つ、麻薬取引の手伝いをさせられているドリスの弟が、どうやらトラブルに巻き込まれ、殴られて、フィリップの家に逃げ込んできた場面がある。この映画は、ドリスの兄弟や母親、移民街の様相など、現代フランス社会の別の側面にもスポットを当てている。ドリスの弟が家に忍び込んできた一部始終を見ていたフィリップは、ドリスに対して契約解除を申し入れる。「もう辞めにしよう。これはお前さんの一生の仕事じゃない」

こうしてドリスは去っていく。しかし、フィリップはドリスが去った後に雇った新しい介護人が気に入らない。粗野だが、本音で接してくれたドリスが忘れられないのだ。こうして映画は、オープニングの場面につながっていく。

この映画には会心のラストシーンが用意されている。日本で公開されたフランス映画の中で最も多くの観客を集めたこの作品は、現代フランス社会の様々な側面を描く。コメディとメロドラマの両側面、異文化との出会い、アートに目覚めるドリスの姿など、リスク感性の洗練という側面からも読み解ける。本章では、このマルチカルチャーの映画を危機突破の観点から捉えてみた。

（亀井克之）

Exercises

危機突破には何が必要か。危機突破について、歴史上の出来事や自分の例を挙げよ。

あなたがフィリップなら、ドリスを介護人に採用するか？

コラム⑧　シネマテーク・フランセーズ

シネマテーク・フランセーズは、アンリ・ラングロワという映画を愛する若者が一九三五年に仲間の映画監督ジョルジュ・フランジュと一緒にシネクラブを結成したことに始まる。翌一九三六年には、シネマテーク・フランセーズとして設立され、映画の保存・修復、衣装、セット、ポスター、出版物の収集が行われた。ラングロワ以前は、過去の映画作品を保存するという考え方は存在しなかった。シネマテーク（cinémathèque）は、上映ホールを備えた映画資料館を意味する世界共通語となった。

一九四八年に、ラングロワはパリ八区メッシーヌ通りに念願の映写室（六〇席）を備えた映画博物館を開設した。後にヌーヴェル・ヴァーグの監督として活躍するトリュフォーやゴダールら多くの若き映画人が通った。一九五五年には、五区ウルム通りに、二六〇席ある上映室が完成した。世界中の映画人がシネマテークを訪れるようになった。一九六三年には、公的機関と連携することとなり、シャイヨー宮に移転した。一九六八年にラングロワ館長の解任騒動が起こったが、フランスのみならず、世界の映画人がラングロワを擁護する運動を起こした。フランス政府は解任を撤回した。一九七二年には大規模な映画博物館が開設された。多くの経緯を経て、二〇〇五年九月二八日、ベルシー通り五一番地にあるフランク・ゲーリー建築の旧アメリカン・センターに移転し、現在のシネマテーク・フランセーズとして生まれ変わった。新施設では、それまで別々の場所にあったシネマテークと映画図書館が統合された。

ではシネマテークに行ってみよう。四つの巨大な棟から成るフランソワ・ミッテラン国立図書館から、シモーヌ・ド・ボーヴォワール橋でセーヌ川を渡ると一二区のベルシー公園があり、その一角にシネマテークがある。施設はまさに映画を愛する人のための場所だ。アンリ・ラングロワ大ホールと二つの小ホール。映画に関する資料が集められた図書館、フィルム・ライブラリー、閲覧室、鑑賞室、研究者室、映画専門書店。

映画博物館は、二〇二一年に『月世界旅行』（一九〇二）のジョルジュ・メリエスの名前を冠したメリエス博物館に生まれ変わった。映画上映のほか、企画展、講演会、子ども向けの講演会などのイベントが行われ

フランク・ゲーリー建築のシネマテーク・フランセーズ（パリ12区ベルシー公園の一角にある。2021年10月，亀井克之撮影）

る。イベントの際の特別入り口を入るとトリュフォー監督の長編デビュー作『大人は判ってくれない』（一九五九）の野口久光による日本語ポスターの巨大版が迎えてくれる。館内カフェの名前はこの映画の原題（Les 400 coups）だ。二〇二一年一〇月から翌年一月には、ジャン＝ポール・ゴルチエ監修「シネモード」企画展が行われた。一〇月二四日に企画展に合わせ、ゴルチエが影響を受けたジャック・ベッケル『偽れる装い（原題 Falbalas）』（一九四五）の修復版が上映された。モードの世界を描いた本作の上映後にゴルチエとの討論会があった。*このように特別上映会後に監督や俳優を交えた討論会が実施される。二〇二一年一一月のアラン・レネ監督回顧特集では、一一月七日『メロ』（一九八六）の上映の後、主演した三人の俳優、サビーヌ・アゼマ、アンドレ・デュソリエ、ピエール・アルディティが勢ぞろいして討論会が行われた。同一二月の俳優イヴ・モンタン生誕百周年回顧特集では、一二月四日『告白』（一九三六）上映後に、この作品の監督を務めたシネマテークのコスタ＝ガヴラス館長による討論会が行われた。

＊　本作については以下の詳細な分析がある。芳野まい「ジャック・ベッケル『偽れる装い』——オートクチュールのメタファーとしての恋」『学習院大学文学部研究年報』第五七号、二〇一〇年。

（亀井克之）

第
9
章

コミュニケーション

Communication

ヒトラーのパリ爆破命令を実行に移せば、歴史に汚名を残す。
背けば家族は処刑される。
あなたがコルティッツ将軍ならどう決断するか？

『パリよ，永遠に』（*Diplomatie*）
監督　フォルカー・シュレンドルフ（Folker Schlöndorff）
出演　アンドレ・デュソリエ（スウェーデン総領事ノルドリンク）
　　　ニエル・アレストリュプ（コルティッツ将軍）
2014年　フランス・ドイツ　83分

原作戯曲：シリル・ジェリー『外交』（*Diplomatie*）
第40回セザール賞最優秀脚本賞（シリル・ジェリー）
フランス封切り2014年３月
フランス国内観客動員数43万2208人

パリ壊滅の危機、ひとりの外交官の想いがパリの夜に木霊した——作品解説

無茶ぶりする独裁者に対峙したとき、人々はどう振る舞うのか？　世界は、そして市井の人々は日々、この難題にぶつかっているような気がする。たとえば昨今のロシア＝ウクライナ情勢はまさにこの世界版にあたるであろうし、少し前ならアメリカのトランプ政権下でも起きていたことだった。本作『パリよ、永遠に』は、独裁者の非人道的かつ狂人的な命令をいかにして退けるに至ったか、その知られざる顛末を想像的に描いた作品であり、独裁者ヒトラーに屈しなかった外交官の英断とその努力を、しかもドイツ人の映画監督が描いた作品でもある。

一九四四年、夏。第二次世界大戦におけるヨーロッパ戦線は、いよいよ正念場を迎えつつあった。六月に敢行されたノルマンディ上陸作戦により、連合国側の優勢は確実なものとなり、逆にナチス・ドイツは次第に退却を余儀なくされ、未遂には終わったがヒトラー暗殺計画が起こるなど、不利な状況が日に日に増すばかり。八月、ヒトラーは最後の占領地となるかもしれないフランス・パリを死守すべく、同月七日にフォン・コルティッツ歩兵大将をパリ防衛司令官に任命する。だが、連合国軍は同月一六日には南フランスを奪還し、フランスを北上しつつあった。もはやパリ死守の命運は尽きたと覚悟したヒトラーは、あろうことか、パリ壊滅作戦をフォン・コルティッツに命ずる。しかも、ルーヴル美術館にある美術品をすべて、ドイツ・ベルリンまで輸送しろというのだ……。

このヒトラーの狂気的に無謀な命令とその顛末は、ルネ・クレマンによるオールスター大作『パリは燃えているか』（一九六六）によって、壮大なスケールで映画化されている。一九四四年八月二五日にパリが解放されるまでの一八日間、すなわちフォン・コルティッツ将軍がパリに司令官としてやって来てから無条件降伏によってパリを明け渡すまでが、パリ解放に向けて戦った人々のさまざまな視点から描かれており、そのスケール感と人物と歴史とのからまりのドラマティックな動きは、スペクタクル巨編としての意匠を十全に備えたものだった（ではあるが、興行的には未曾有の失敗作となった）。

これに対して本作『パリよ、永遠に』は、これを戦いの背後にあった人間ドラマとしてとらえ直し、狂える独裁者の絶対命令に対する服従か、それとも己の良心かというせめぎ合いのなかに、そして、この世に唯一無二のものを守ろうとするひとりの男の深い魂のありようへと、映画の観客を招き入れる。

フォルカー・シュレンドルフ監督『パリよ，永遠に』（2014年）

物語が始まり終わるのは、運命の日となる八月二四日の夜から二五日の早朝にかけて。総統が命じたパリ爆破計画を推し進めてきたフォン・コルティッツ将軍は、最終確認を行うべく、パリの要所に仕掛けられる爆薬と場所をいまいちど示させる。それを見守る部下たち。すべて抜かりなく、細部まで遺漏なく詰められた計画により、セーヌ川にかかる橋に仕掛けられた爆薬によってセーヌは氾濫を起こしパリは水没する。加えて、パリを彩る建築物――エッフェル塔、オペラ座、ルーヴル美術館、ノートルダム大聖堂、コンコルド広場――それらもまた、爆破されてパリは灰燼に帰すのだ。そこに住む人々とともに。そしてそのあとには、偉大なベルリンを築き上げたナチスお抱えの建築家アルベルト・シュペーアがパリに乗り込み、花の都を、ベルリンを凌ぐ壮麗な都市へと生まれ変わらせる……。

当初、フォン・コルティッツ将軍の胸の内にあったのは、総統の意志に従うこと、パリを新たな都市へと生まれ変わらせる礎をなすということだけだった。作戦遂行の最終会議が行われるパリのホテル・ムーリス（実存するホテルであり、現在も五つ星の上をゆく最高級ホテルの格づけであるパラスのトップに位置づけられている）には、占領国であるナチス・ドイツの将校たちが作戦執行のため足早に行き交っていた。やがて、作戦に一分の隙もないことが確認されると、ようやくフォン・コルティッツ将軍も気が休まった。あとは爆破あるのみ。とその時、音もなくひとりの男がフォン・コルティッツのいる執務室へと忍び入って来る。男の名はラウル・ノルドリンク、パリで生まれ、パリで育ったスウェーデン人の外交官だった。彼はフォン・コルティッツに対し、パリ爆破を思い留まるよう、自身の良心に問うてこの都市を永らえさせるよう、説得を始める。だが、フォン・コルティッツはノルドリンクの言葉に耳を傾けはするものの、容易に応じてくれるわけではなかった――。

ヒトラーによるパリ壊滅計画は広く知られた事実だった。最大の占領地であるパリを失うことは、すなわちナチス・ドイツの敗勢の象徴となると考えたヒトラーは、実際にパリの破壊をフォン・コルティッツ将軍に命じる。ヒトラーとフォン・コルティッツ将軍との不仲はかねてより噂に上っていて、ヒトラーのこの命令は、フォン・コルティッツ将軍に汚れ役をやらせてしまおうという魂胆も見え隠れするものとも言われる。

対してフォン・コルティッツ将軍は、ヒトラーのこの戦略の無意味さを早くに見抜いており、パリの外周において防衛線を築くことのほうが重要であると考えていたとされる。

映画は、こうした歴史的事実を下敷きにしながら、この当時、フランス・レジスタンス軍との仲介役であったスウェーデン人外交官ノルドリンクをさらなる表舞台に登場させる。パリの命運を握ることになったフォン・コルティッツ将軍との対話を進めていたのは事実だったようだが、実際にこのような説得がなされたのかどうか……。

だが、人と人とが差し向かいで対話することの重要性は、いま、新型コロナ禍を経て来た私たちには、切実に、心の底から納得できるものではないだろうか。ヴァーチャル空間ではない、密な空間のなかで、なにかを真剣に話し合うことの重要性、大切さ。顔と顔をつき合わせ、相手の息や汗を感じ、自分もまた同じ人間であることを知る。ある未曾有の危機に接したとき、自らの限界を知ったとき、人は誰か対話者を必要とする。たとえ、その対話者が反対意見の持ち主であろうとも。

夜明けが近づき、窓の外に新しい一日の陽射しがあふれ出す。ふたりの男たちは、次第に、腹を割って自らのことを話し始める。かくして運命の朝を迎える。八月二五日、パリは解放された。ヒトラーによる壊滅計画が実施されることはなく、人々は解放の歓びに浸った……。

およそ一二時間という凝縮された時間のなかに進む物語。もともとは、舞台劇として書かれ、演じられてきたものだった。舞台でも同じくノルドリンクとフォン・コルティッツ将軍役を演じたアンドレ・デュソリエとニエル・アレストリュプは、それぞれフランスを代表する俳優であり、ふたりの個性が映画にも反映されている。デュソリエのセリフ巧者ぶりと、アレストリュプの寡黙なたたずまい。そしてそれらを引き出したのは、ニュー・ジャーマン・シネマの旗頭として、『ブリキの太鼓』(一九七九)で一躍、その名を知られることになったフォルカー・シュレンドルフだった。

ナチス・ドイツ時代の負の遺産により、第二次世界大戦後、長らく映画産業が立ち直ることがなかったドイツだが、そのドイツ映画をよみがえらせたのが、シュレンドルフをはじめとするニュー・ジャーマン・シネマの監督たちだった。だが、彼らが映画を学ぶ場は限られており、シュレンドルフはフランスのIDHEC(国立高等映画学院)で映画を学び、フランス映画界で修行時代を過ごし、研鑽を積んだのだ。一九世紀後半の普仏戦争以降、フランスとドイツはたびたび戦火の時代を迎えて来た。だが、それを乗り越えてこそ、現在は存在する。なにより本作がそのことを明らかにしている――。

(杉原賢彦)

『パリよ、永遠に』に学ぶ

言葉の力によるリスクマネジメント

この作品が描くリスクはとてもはっきりしている。第二次世界大戦末期、フランスを占領するナチス・ドイツの総統ヒトラーの命令で、美しき街パリが破壊されるリスクだ。オペラ座、ルーヴル美術館、ノートルダム寺院、エッフェル塔などの建造物が爆破されれば、フランスのみならず、全世界にとってのとりかえしのつかない損失になる。このリスクの前提として、独裁者の暴走がある。企業リスクマネジメント論では、これを経営者リスクという。

ドイツ軍の視点から見ると、占領中のパリを連合軍に奪われるリスク、さらには、敗色濃厚で現実として戦争に敗北するリスク。ドイツ軍のパリ防衛司令官コルティッツにとっては、ヒトラーの命令に背けば、家族を処刑されるというリスクが重くのしかかる。

ヒトラーのパリ破壊命令を実行に移す責任者として、コルティッツ将軍は、パリに立ち並ぶ歴史的建造物の破壊者として歴史に汚名を残すのか、命令に背いて家族を処刑されるのか。究極のジレンマに直面する。

パリの街が破壊されるのをどう防ぐのか。花の都が誇る歴史的建造物をどう守るのか。家族のかけがえのない命をどう守るのか。

パリのドイツ軍司令本部があったホテル　ル・ムーリス（2021年10月，亀井克之撮影）

これら深刻なリスクへのマネジメントとして、本作品が描ききったのは、言葉の力だった。ヒトラーの命令が実行される一九四四年八月二五日の前夜。ドイツ軍司令部として使われているホテル・ムーリス内のコルティッツ将軍の部屋に、中立国スウェーデン総領事ノルドリンクが、忽然と姿を現わす。そして将軍にパリ爆破を止めるように説得し始める。言葉はマジックだ。そしてこの映画の原題はディプロマシー（外交）だ。外交官ノルドリンクは、生まれ育ったパリの街を救うため、これまで培ってきた交渉能力をいかんなく発揮する。

最後に花の都を破壊から救ったのも、家族を処刑される恐怖を取り除いたのも、言葉が紡ぐコミュニケーションの力だった。パリの街を爆破から救ったのは、戦闘などの物理的対応（ハードコントロール）ではなく、言葉による対応（ソフトコントロール）だった。パリ爆破のリスクマネジメントの主役を担ったのは、リスクコミュニケーションの力だったのだ。

リスクコミュニケーションの定義

では、リスクコミュニケーションとは何か。リスクマネジメント用語の国際規格 ISO Guide73：2009 は次のように定義している。

「意思決定者と他のステークホルダーの間における、リスクに関する情報の交換、又は共有。
備考：ここでいう情報はリスクの存在、性質、形態、発生確率、重大さ、受容の可能性、対応、又は他の側面に関連することがある」

リスクマネジメントの観点から捉えた場合、リスクそのものに関する情報の交換・共有だけではなく、備考で示されたようにリスクへの「対応」についても話し合う必要がある。一般にリスクコミュニケーションは、リスクについての情報共有を主とする。しかし、リスクにどのように対処したら良いかについての情報提供がさらに重要だ。

まとめれば、リスクコミュニケーションとは、①「どのようなリスクに直面しているのか？」②「そのリスクにどのように対応するのか？」について共通理解を図ることを意味する。

これは、食品の安全性、医薬品の安全性、原子力発電所の安全性などの分野で実践されてきた。企業経営に当てはめれば、①企業が直面するリスクと、②その対処について、ⓐ企業の内部で、さらに、ⓑ企業外部のステークホルダーと共通認識を持つことである。リスク情報の開示という点に注目すれ

ⓐ企業内部におけるコミュニケーション（トップマネジメント←→ミドルマネジメント←→現場）	ⓑ企業外部に対するコミュニケーション（企業←→ステークホルダー：株主・投資家・消費者・地域社会）

⇩ リスク情報の開示

①「どのようなリスクに直面しているのか」についての共通理解： → リスクをめぐる状況についての価値観を共有
②「そのリスクにどのように対応するのか」についての共通理解： →リスク克服に向けた価値観を共有

企業におけるリスクコミュニケーション

ば、有価証券報告書の中の「事業等のリスク」「対処すべき課題」などが代表例だ。

現代社会に当てはめてみよう。二〇二〇年以来、新型コロナウイルスが猛威を振るってきた。「新型コロナウイルス感染症がもたらすリスクとは何か」「どのように感染防止（リスクコントロール）をすればよいか」についてのリスクコミュニケーションが全世界で展開されている。

リスクコミュニケーションと、クライシスコミュニケーションの違いについても押さえておきたい。両者の関係をまとめておこう。

事前（事故・災害などが発生する前）＝リスクコミュニケーション
渦中・事後（事故・災害などが発生した後）＝クライシスコミュニケーション

ノルドリンクのリスクコミュニケーション

『パリよ、永遠に』におけるノルドリンクのリスクコミュニケーションを見てみよう。

リスクコミュニケーションは、①リスクについてのコミュニケーションと、②それにどのように対応するかについてのコミュニケーションに分かれる。それぞれ①リスク描写と、②対応提案に分けて説明してみよう。

■リスク描写のコミュニケーションとして語られること

ドイツ側のリスク：連合軍がパリに迫りドイツ軍からパリを奪還する可能性。

パリの街のリスク：ヒトラーの命令によって爆破される可能性。世界に誇る美しい街が破壊される可能性。街の破壊と共に多くのパリ市民の生命が失われる可能性。

コルティッツのリスク：命令を実行した場合、パリ爆破実行責任者として歴史に汚名を残す可能性。命令を実行しなかった場合、家族を処刑される可能性。

■リスク対応のコミュニケーションとして語られること

連合軍接近のリスク、パリ爆破のリスクに対して：停戦の提案。名誉ある降伏の提案。

家族処刑のリスクについて：パリのドイツ軍が降伏したら、ドイツはパニックに陥る。その隙にコルティッツの家族を中立国スイスに逃すことを手伝うという提案。

二人の駆け引きの冒頭、コルティッツは、ノルドリンクが差し出した一通の手紙を読まずに捨てる。それは、自由フランス軍のルクレール将軍が書いた停戦の提案書だった。

しかし、ノルドリンクはひるまない。パリが爆破されるリスクをさらに描写する。「君の子どもと同じ年頃の子どもが何人死ぬことになると思うんだ?」しかし、コルティッツはひるまない。「連合軍はハンブルクを爆撃して、多くの市民が犠牲になったではないか」と応酬する。

やがてコルティッツはためらいを見せ始める。心の隙を見せる。ジレンマに直面してコルティッツが垣間見せる不安感をノルドリンクは巧みについていく。コルティッツの不安感を和らげ、心の隙を埋めるような言葉をノルドリンクは繰り出していく。

にもかかわらず二人の交渉が決裂したかと思われた瞬間だった。コルティッツは喘息の発作に倒れる。この作品のターニングポイントはこの時だった。ノルドリンクは、コルティッツに頼まれ、机の引き出しを開け、薬を取り出す。引き出しには拳銃も入っていた。ノルドリンクは、それを使う考えを押し殺して、コルティッツを介抱する。落ち着いたコルティッツは、ついにノルドリンクに胸襟を開く。コルティッツは語る。パリに着任する前にヒトラーに会ったが、もはやかつての姿ではなく、狂気に囚われていた。だからヒトラーの命令には従わないことを決意した。ところが、命令に服従しない場合は、家族を処刑するというジッペンハフト法ができた。もはや命令に服従するしかない。でももし降伏したらどうなるのか。

ここぞとばかり、ノルドリンクはたたみかける。「ドイツにはパニックが起こる」「その混乱の中、あなたの家族は脱出できる」「私自身の手でスイスへ逃亡させる」と。逃亡ルートについて確証を求めるコルティッツに、ノルドリンクは一世一代の芝居を打つ。

「私はこのルートで妻を逃したんだ。私の妻はユダヤ人なんだ」。なお戸惑いを見せるコルティッツにノルドリンクは言い放つ。「決断するのはあなた自身だ！」。

ついに、コルティッツは決断を下す。大きなリスクテーキング（リスクをとる決断）だ。コルティッツは屋上に上り、無線を発する。「爆破は中止する。これが最後の命令だ」。

かくしてパリは救われた。薄暗い室内での二人の男による言葉の応酬から、一転、ホテル・ムーリスの屋上からの晴れやかな広々としたパリの街並みが映し出される。パリは爆破のリスクから免れたのだ。

ジョセフィン・ベーカー「二人の恋人」

エンディングのクレジットとともに、セーヌ川の船上からのパリの美しい風景が画面を彩る。この画面にジョセフィン・ベーカーの歌声が重なる。「二人の恋人」というシャンソンだ。アメリカ出身でフランスで活躍したベーカーは、自分には恋人が二人いて、それは故郷アメリカとパリだと歌う。つまり、恋人と同じくらい愛おしくて、かけがえのないパリの街を歌い上げる内容だ。

このシャンソンは、アラン・レネ監督の『恋するシャンソン』（一九九七）の冒頭でも用いられている。しかも、同じくコルティッツ将軍の決断によってパリが救われた場面においてだ。アラン・レネは『夜と霧』（一九五六）、『二十四時間の情事《ヒロシマ・モナムール》』（一九五八）を皮切りに実に多種多様な作品を発表した。『恋するシャンソン』では、全編に渡り登場人物たちの会話が突然シャンソンの歌声に切り替わるという試みがなされている。異色のコメディ映画だ。この映画はヒトラーからの「パリは破壊されたか？」と問う電話をコルティィッツ将軍が受ける場面で始まる。ヒトラーのパリ爆破命令に従わなかったコルティィッツ将軍は、受話器を握りながら何とも答えようがない。さらにヒトラーの声が受話器越しに響く。「パリは燃えているか？」すると、答えに窮したコルティィッツ将軍の口から突然ジョセフィン・ベーカーの「二人の恋人」の歌声が流れ出る。パリはこんなにも美しく愛おしい。だから街を破壊することはできなかったと歌声が代弁する。『恋するシャンソン』では、この冒頭場面の後、愛おしい街パリで繰り広げられる人間模様が描かれる。

リスクコミュニケーションを支えた装置

ノルドリンクが、コルティィッツ説得というリスクコミュニケーションに成功したのは、綿密な情報収集によるものだった。連合軍を迎え撃つドイツ軍の軍備、パリ爆破司令に基づく爆薬の配置状況、それを現場で指揮するのは誰か、コルティィッツの家族の状況など、実にさまざまな情報をノルドリンクは把握していた。ではどうやってそうした情報を手に入れたのか。それは、ノルドリンクが、コルティィッツの将軍の部屋に音もなく姿を現すことを可能にした部屋の構造にあった。その部屋は、かつてナポレオン三世が愛人と密会するのに使われていた。そのため、ロビーを通らずに出入りできる隠し階段が設けられていたのだ。ノルドリンクは、この隠し階段に潜んで、コルティィッツの動向を把握していたのだ。リスクコミュニケーションには、情報の収集と分析が欠かせない。ノルドリンクのリスクコミュニケーションを支え、パリを破壊リスクから守ったのは、密会の文化が生んだこの部屋の構造だったのだ。*

* 『パリよ、永遠に』パンフレット、東京テアトル株式会社、二〇一五年。

リスクコミュニケーションのゲーム「クロスロード」

リスクコミュニケーションの力を鍛える手段を紹介しておこう。クロスロードというゲームがある。クロスロードとは、英語で「岐路」「分かれ道」を意味する。災害に遭遇すると「二者択一」を迫られるような状況に直面することが多い。災害対応は、ジレンマを伴う重大な決断の連続だ。「クロスロード」は非常事態を疑似体験して、判断力を磨くためのゲームとして、京都大学の矢守克也教授が開発した。

進め方は、問題カード、Ｙｅｓカード、Ｎｏカードを使って行う。問題を読み上げ、その状況でどうするかを考える。イエスか、ノーか、どちらかのカードを示す。問題ごとに、「なぜＹｅｓか」「なぜＮｏか」について、参加者間でふりかえる。絶対的な正解はない。「ふりかえり」における意見交換こそが大切である。参加者は、同じ一つの状況に対して、異なるさまざまな考え方があることを実感する。*

* 矢守克也・吉川肇子・網代剛『防災ゲームで学ぶリスク・コミュニケーション──クロスロードへの招待』ナカニシヤ出版、二〇〇七年。吉川肇子・矢守克也・網代剛『クロスロー

ド・ネクスト――続：ゲームで学ぶリスク・コミュニケーション』ナカニシヤ出版、二〇〇九年。

一九九五年一月一七日に発生した阪神大震災に基づくクロスロード――「神戸編」からの問題例

（1）あなたは：食糧担当の職員。状況：被災から数時間。避難所には三〇〇〇人が避難していると の確かな情報が得られた。現時点で確保できた食料は二〇〇〇食。以降の見通しは、今のところなし。あなたは、まず、二〇〇〇食を配りますか？

YES（配る）or NO（配らない）？

（2）あなたは市役所の職員である。状況：未明の地震で、自宅は半壊状態。幸い怪我はなかったが、家族は心細そうにしている。電車も止まって、出勤には歩いて二、三時間が見込まれる。あなたは出勤しますか？

YES（出勤する）or NO（出勤しない）？

（3）あなたは被災した公立病院の職員。状況：病院が地震で大破し、入院患者をストレッチャーに乗せて他の病院へ移送する作業をしている。この時、ストレッチャー上の患者さんを報道カメラマンが撮影しようとする。腹にすえかねる。あなたはそのまま撮影させますか？

YES（撮影を許可する）or NO（撮影を許可しない）？

もうおわかりのように、本書の各章の最初と最後の Exercises に示している問いかけでは、このクロスロードのゲーム形式を採用している。

Exercises

どんなリスクに直面しているか。そのリスクにどのように対応するのか。この二つを軸とするリスクコミュニケーションを円滑に行うにはどのようにすればよいか。食品の安全、医薬品の安全、子どもの安全、交通安全などの具体例や自分の例を挙げて考えてみよ。

ヒトラーが下したパリ破壊命令をコルティッツ将軍が実行しようとしている。あなたがノルドリンクなら、それを食い止めるためどのように説得するか？

（亀井克之）

コラム⑨ フランス人は渋男がお好き?――いぶし銀のフランス俳優列伝

ジャン・ギャバン、リノ・ヴァンチュラ、イヴ・モンタン、ジャン＝ポール・ベルモンド、ジェラール・ドパルデュー、マチュー・アマルリック、ロマン・デュリス……名優として人気を誇った/誇る俳優たちの名前を挙げてみた。もう一方で、こんなリストもあるかもしれない……モーリス・シュヴァリエ、ジャン・マレー、ジェラール・フィリップ、モーリス・ロネ、アラン・ドロン、ルイ・ガレル……。こちらは言わずと知れた美形二枚目俳優の系列といえる。その一方で、最初に挙げた俳優たちは、けっして美男というわけではない。むしろその個性によって際立つ、しかしフランス映画界を牽引した/する俳優たちでもある。

興味深いのは、ハリウッドの俳優たちがほぼ画一的に主役＝二枚目＝善人と、脇役＝悪役という分類でこと足りるのに対し、フランスの俳優に同じ分類法は通じないということ、むしろ、モーリス・ロネやアラン・ドロンが典型的なように、ときに二枚目俳優が犯罪者を演じて人気を得ることも多く、その意味でハリウッドとは異なった評価の規準があると言ってもいいのかもしれない。

ということで、もう少し具体的に見てみよう。たとえばジャン・ギャバン。もともとミュージック・ホールの芸人だった彼は、舞台俳優として大成するには台詞まわしの滑舌が悪く、声も他を圧して響き渡るような声質ではない。もそもそとした感じでしゃべるその言葉は、映画の音響を通したとき、初めて魅力的な響きを帯びて届けられるのだ。だが、その一方で苦味と渋味を備えたその存在感は、唯一無二のものとしてフランス映画を彩ってきた。ジャン・ギャバンのために用意されたといっていい、そんな映画――『フレンチ・カンカン』(一九五四)や『現金に手を出すな』(一九五四)――も数多く存在する。

イヴ・モンタンもまた同様に、渋さが際だってきた中年以降に代表作を連打している。『仁義』(一九七〇)のアル中気味の元刑事、あるいは『うず潮』(一九七五)で見せた、相手役のカトリーヌ・ドヌーヴを軽々と抱え上げて海辺を歩く野趣あふれるその姿は、おいそれと真似のできない渋すぎる魅力を湛えていた。イタリアからの移民の二世でありながら、大統領候補とも言われるほどの国民的俳優となっていったモンタンには、人間くささとともにフランス人にとっての理想的な男性像が見られていたのだ。

ヌーヴェル・ヴァーグの台頭とともに、その寵児となって次々と主演作を得ていったジャン＝ポール・ベルモンドもまた、二枚目俳優の系列には入らない。大きすぎる鼻とぎょろっとした眼が印象的な彼は、ジャン＝リュック・ゴダールのデビュー作『勝手にしやがれ』（一九五九）で狡っ辛い車泥棒を演じて、一躍、その名を轟かせた。けっしてスマートでもなく、けれど身のこなしの鮮やかなさまは、その後のフレンチ・アクション映画に欠かせない俳優として、同期といってよいアラン・ドロンと張り合うようにして出演作を重ねていった。『ボルサリーノ』（一九七〇）は、個性を異ならせるふたりの俳優が、まさに火花を散らせた競演作でもあったのだった。

そしていまも、マチュー・アマルリックやロマン・デュリスに同じ流れを見ることができるだろうし、彼らのあとにも、男前ぶりより以上に、渋く人間くさいいぶし銀の俳優たちに会えるはずだ。

（杉原賢彦）

ジャック・ベッケル監督『現金に手を出すな』（1954年）

第

10

章

ジレンマ

Dilemme

パリから届いた電報には愛の告白。

待ちきれない想いを抱えて、

遠く離れた場にいるあなたはどうする？

『男と女』（*Un Homme et une femme*）
監督　クロード・ルルーシュ（Claude Lelouch）
出演　アヌーク・エメ（アンヌ）
　　　ジャン＝ルイ・トランティニャン（ジャン＝ルイ）
1966年　フランス　102分
『男と女　人生最良の日々』（*Les Plus belles années d'une vie*）
監督　クロード・ルルーシュ（Claude Lelouch）
2019年　フランス　90分

『男と女』（1966年）
1966年カンヌ映画祭グランプリ
1967年アカデミー賞外国語映画賞
フランス封切り1966年５月
フランス国内観客動員数426万9209人
パリ観客動員数109万5308人
（*Ciné-Passions Le guide chiffré du cinéma en France*, 2012, Dixit）
『男と女　人生最良の日々』（2019年）
フランス封切り2019年５月
フランス国内観客動員数19万8999人

男と女、パリ＝ドーヴィル、その先にあるのは……愛——作品解説

人が経験する危機のうち、もっとも数多く、そしてもっとも悩ましいのが、男と女の関係にまつわるものだろう。たとえ人生をうまく乗り切れていたとしても、男と女の関係ほど、手強く、しかも危なっかしいものはない。一歩間違えば最後、悩める日々が続くことになり、かと思うと思いがけない一瞬の機転が晴れやかな時間を到来させてくれるときだってある。焦れったいほどの賭け引きと、計算では成り立たない振る舞い、あるいは言葉、どう転ぶか分からないジレンマが、ときに人を苛む。

男はつねに危険と隣り合わせのカー・レーサー、女は映画の現場で働くスクリプター（撮影記録係）、ある撮影現場で夫を亡くしたばかりだった。同じ寄宿学校に通う子どもたちを介して、ふと出逢ったふたり。子どもたちの寄宿学校があるドーヴィルからふたりが住むパリまでの道のりをともにする道中、女は亡くなった夫のことを話し続けた。一方の男は、彼がレースで事故に巻き込まれたとき、そのショックから立ち直ることができず、自殺を選んだ妻のことを思い出していた。ふたりの共通点、愛するものを亡くした者同士、そして同じ年頃の男の子と女の子を持つ親同士。ふたりは、寄宿学校への行き帰りをともにするようになり、やがて愛し合うようになる。

モンテカルロでのレースの日、勝利した男に、女は電報を打つ「愛しています。アンヌ（Bravo ! Je vous aime. Anne)」と。勝利の祝賀に酔う暇もあらばこそ、車を飛ばし、女に会いに行く男。二人はそ

の夜、初めて、一夜をともにする……。

クロード・ルルーシュによる本作『男と女』は、ヌーヴェル・ヴァーグの波勢が引いた一九六六年のカンヌ映画祭を染めた。伝説では、よれよれの服を着た男が、その手にフィルム缶を携えて晴れやかなパレ・デ・フェスティヴァルの会場に乗り込んできたとも言われている。実際、出品が決まったのは、いったん候補作が締め切られたのち、ギリギリのところでだった。一九六〇年に二三歳で映画監督デビューするも、批評家からことごとく否定されてきた若き監督が、二九歳にして初めてつかんだ栄冠であり、栄誉であり、成功への第一歩を刻んだ作品は、こうして晴れ舞台に立った。

クロード・ルルーシュ監督『男と女』(1966年)

その監督クロード・ルルーシュが本作のアイディアを得たのは、ドーヴィルの海岸を歩いていたときだったという。最新作がまたしても不評となり、失意のうちにパリからドーヴィルへやって来ていたのだ。そのとき、遠く、海岸を歩く女性とその子どもを見たルルーシュは、おもわずその美しさに心を打たれ、そして一気に脚本を書き進めた。そして、自分の映画と演出を買ってくれていた俳優ジャン＝ルイ・トランティニャンに話をもってゆき、仲間たち——音楽を担当したピエール・バルー、フランシス・レイらを巻き込んで、ようやく完成へとこぎ着ける。予算はほとんどなく、そのため機材も十分なものがそろえられなかった。だが、それが功を奏したと言ったらおかしいだろうか。モノクロの映像とカラーのシーンが交互に出てくるかと思えば、音楽もふたつの要素が混じり合い、ぶつかり合う。それはまさに、男と女、同じ人間でありながらも、こうも違って同じな存在を表しているのだ。ふたりがどう出逢って、どう恋に落ちて、どう別れようとしたか、それらが物語という説明なしに、映像と音楽の感覚と感情のなかに滑り込まされ、つなぎ留められてゆく。理屈で理解するのではない、感性を総動員させて、シーンの一秒一秒を体感することを求める、そんな映画なのだ。

監督ルルーシュの想いと狙いに、一九六六年のカンヌが、さらに世界中が、この映画を熱狂をもって迎え入れた。男と女との、すれ違いと再会を、まるで自分のことのように胸に刻みつけた。ふたりの初めての夜、愛ゆえに邪魔された愛、それを乗り越えるためのさらに強い愛をどう見つけるか、どう差し出すのか。自問する男、思い出す女、そして……。

この映画が、パリ、サンラザール駅でエンディングを迎えるのは、それなりの理由がある。そこは、出発と到着の場所であり、人が出逢い、別れてゆく場所。まるで男と女のありふれた物語のように。ルルーシュは、本作のリメイクをいくつか撮っているが、それらはリメイクというよりは、新たな、もうひとつの男と女の物語といったほうがよいのかもしれない。登場する人物は同じでも、必ずしも同じ名前をしていないのかもしれない、永遠に続く、男と女の出逢いと、別れと、愛。そんな映画なのだ。

本作になくてはならない音楽についても触れておこう。一九五〇年代末、ブラジルから新たな音楽が芽吹く。ボサ・ノヴァだ。ブラジルからアメリカ・ウェストコーストへとボサ・ノヴァは広まってゆくのだが、そのヨーロッパへの広まりをもたらしたのが、本作に出演し、劇中の楽曲を歌っていたピエール・バルーだった。彼は長らく世界放浪の旅を続けるなかで、ブラジル滞在中にボサ・ノヴァに出会い、ルルーシュに出会い、本作に参加。主題歌である「男と女」（フランシス・レイ作曲）のほか、本作を彩り、ときに重要なモティーフを奏でる「僕らの陰に」「あらがえないもの」といった曲と詞を書き、歌った。ボサ・ノヴァが、フランスに、そして『男と女』を通してフレンチ・ボサが世界に広まってゆく、そのきっかけをつくったのだった。「ダ〜・バ〜・ダ・ダバダバダ、ダバダバダ……」というテーマ曲「男と女」は、本作のモティーフとしてのみならず、誰もが一度ならず耳にしたことのあるエヴァー・グリーンとなって親しまれているのはご承知のとおりだ。

クロード・ルルーシュ監督『男と女　人生最良の日々』（2019年）

だが、ピエール・バルーをめぐるエピソードにはもうひとつ、忘れられない物語がある。この映画の、本当の「男と女」は、彼とヒロインを演じたアヌーク・エメだったのだ。この映画で共演したふたりは、その後、結婚。のちに別れることになるが（さらにそののち、バルーは日本人女性と結婚し、晩年のほとんどを日本で過ごした）、映画が生み育んだもうひとつの恋物語を生きたのだった。

さまざまな要素が重なり合って、最良の結果を得た本作は、ひとりの失敗続きの映画監督を本物の映画監督にし、ボサ・ノヴァをフランスにもたらした。この映画に魅了され、音楽に心を奪われた人は数多い。日本においてもその余波は大きく、舞台となったドーヴィルの海岸にまで詣でた人、ボサ・ノヴァにのめり込んだ人……それぞれの人生にかかわる映画となっていった。そう、たった一本の映画が人生を変えてしまうことだってあるのだ。

ルルーシュは、『男と女』の物語を下敷きにしながら、その後のふたりの人生を追いかけ続けた。二〇年後を描いた『男と女Ⅱ』（一九八六）、さらに半世紀を経たふたりを描いた『男と女 人生最良の日々』（二〇一九）、これらに加えて、舞台をアメリカに移した『続・男と女』（一九七七）も存在する。人生が続く限り、そこに男と女がいる限り、繰り返されてゆく物語、男と女のストーリー。そこに終わりはない。最新作の『男と女 人生最良の日々』では、老いてなお、睦み合わずにはおかない男女の運命じみた再会と別れを描き留めた。愛することと生きること、このふたつは同義語なのだと言わんばかりに――。

（杉原賢彦）

『男と女』（一九六六）・『男と女　人生最良の日々』（二〇一九）に学ぶ

ジレンマ

『男と女』と『男と女　人生最良の日々』では、ジレンマに焦点をあててみよう。これまでの章でも指摘したが、リスクマネジメントには、ジレンマに直面しての決断という側面がある。

一九六六年の『男と女』では、モンテカルロ・ラリーで優勝して祝賀会のテーブルにいたジャン＝ルイが、テレビを見ていたアンヌから一言「愛している（Je vous aime.）」という電報を受け取る。ジャン＝ルイはモナコ、アンヌはパリだ。祝賀パーティーの主人公として出席している最中。そこに届いた意中の相手からの思わぬ愛の告白の電報。ジャン＝ルイは席を立ち、車を飛ばしてアンヌに会いに行くことを決断する。モンテカルロ・ラリーを走り終えたばかりの疲れた体で、祝杯のシャンパーニュのアルコールも入っていて、九五〇キロ先に、夜通し車を運転していく。雨も降っている。これは危険極まりない行動だ。空が白み、パリ、モンマルトルのアンヌが住むアパルトマンに到着すると、彼女は娘を寄宿舎に迎えるためにドーヴィルに発った後だった。ジャン＝ルイは、ドーヴィルまでさらに二〇〇キロの道のり、車を運転する。

ジャン＝ルイとアンヌは、ドーヴィルの海岸で劇的に再会する。二人の愛は一気に深まる。

モナコでジレンマに直面したジャン＝ルイは、リスクをとってアンヌに会いにすぐ出発する決断をした。その結果、再会を果たし、さらにアンヌの心をしっかりと掴むことができた。この映画はこの後、二人にとって、甘く、そしてほろ苦い場面を用意する。男と女の恋愛の喜びと別れの苦しみが描き出される。ラストは、再び、ジャン＝ルイがリスクをとって、ノルマンディーの駅からパリのサンラザール駅までアンヌに会いに車を飛ばすシーンだ。ジャン＝ルイは、サンラザール駅前に車を停めると、アンヌが乗った電車が到着するホームを目指して、階段を駆け上がる。* ジレンマを振り切って、意中の人に会いに車を飛ばす。これはジャン＝ルイのようなレーサーでなくても、経験することのある場面だろう。

＊ 臼井幸彦『シネマとパリの終着駅』柏艪舎、二〇二一年。

ジレンマにおける決断

リスクマネジメントはジレンマにおける決断の側面を持つ。では、決断力からみた現代のリスクマネジメントの要点はいかなるものか。八項目を挙げてみよう。

① リスクテーキングの決断。「負えるリスク」か。「負えないリスク」か。「負うべきリスク」か。「負わないことによるリスク」につながるのか。

② 「リスク最適化」（ロスを最小化としつつベネフィットを最大化すること）を目指す決断。

③ 「最悪の事態」（ワースト・シナリオ）から逆算して今なすべきことの決断。

④　二つのC（Communication＝リスクやリスク対応についての共通理解、Coordination＝リスク対応のための組織づくり・調整）を軸とする決断。
⑤　長期的な視点を大切にする決断。
⑥　何よりも大切な心と身体の「健康」を優先する決断。
⑦　起業、倒産回避、事業継続・事業承継を軸とした企業リスクマネジメントの決断。
⑧　保険をめぐる決断。ⓐ保険に入るかどうか、ⓑ入るとすればどのような保険を選択するか、ⓒどの保険会社を選択するか、ⓓ保険事故（保険金が支払われる場合）や免責（保険金が支払われない場合）を勘案し、どのような契約内容にするかの決断。

以上の八項目をベースに、企業を題材に、ジレンマとリスク、リスクとリスペクトについての考え方の枠組みをリスクマネジメントの「り」論と名づけて示しておこう。

ルルーシュのジレンマを打破した『男と女　人生最良の日々』（二〇一九）

ルルーシュ監督による一九六六年の『男と女』は言うまでもなく、時代を画した大成功作となった。その後もルルーシュ監督は、一九六八年のグルノーブル冬季オリンピックのドキュメンタリー映画『白い恋人たち』（一九六八）や大作『愛と哀しみのボレロ』（一九八一）など、数々の名作を発表してきた。しかし、最高の栄光は、やはり『男と女』だろう。かつての栄光、若き日の輝きにいつまでも

ジレンマにおけるリスクの「り」
先送り（先送リスク）：先送りする＊←→今すぐ実行する。 ＊有効なリスク対応策が案出されながら，「まあ大丈夫だろう」と採用しない。社内の意見や消費者の声に真摯に対応せずに放置。コストが負担できない。コストに見合うベネフィットが得られないと判断して対応をしない。何となく放置。意図的に放置。決断しないリスク。リスクをとらないリスク。 縦割り（縦割リスク）：縦割りで全体のリスクが見えない←→部門横断型の対応をする。 偽り（偽リスク）：嘘をついてそれが発覚する＊←→外から指摘される前に公表する。 ＊嘘をついて発覚すると起こった出来事の枠を超えて想定以上に批判される。 見て見ぬふり（見て見ぬふリスク）：「否認」，見て見ぬふり←→事実を受け入れる。 先走り（先走リスク）：不確かな情報に基づいて行動＊←→確かな想定と対応。 ＊事前の調査（リスクの特定と想定）が不十分なまま決断してしまう。「想定」不十分。 ひとりよがり（ひとりよがリスク）： ワンマンの暴走＊←→風通しのよい組織，トップに意見の言える番頭的存在。 ＊経営者リスク。もの言えぬ雰囲気。風通しの悪さ。ワンマン経営者の間違った決断。 ひきこもり（ひきこもリスク）：視野が狭い，大局観の欠如＊←→幅広い視野。 ＊経営近視眼。自社の常識・世間の非常識。自分の業界以外無知。海外・他社状況無知。 焦り（焦リスク）：焦る，慌てる＊←→落ち着いて対応する。 ＊リスクに直面すると，時間や情報が欠如しており，落ち着きを失い焦ってしまう。

リスク対応で尊重すべき点：リスペクトの「り」
つながり：縦割りの弊害を是正するために部門横断的なつながりを尊重する。組織における風通しのよい人間関係を尊重する。ぬくもり。温かみ。 思いやり：現場で安全管理に努力している人たちへのリスペクト。経営者リスクによって，現場で苦しい思いをしている人たちへのリスペクト。 段取り：「特定」「想定」「決定」各プロセスの遂行。 語り：どんなリスクがあり，どう対応するかについてコミュニケーション。 香り，手触り：心の危機管理における癒し。 ふりかえり：失敗に学ぶ　事故や災害からの教訓。 悟り：いつかどこかで自然災害に遭う覚悟。 最悪の事態（ワースト・シナリオ）の想定。

リスクマネジメントの「り」論

とらわれることは誰しもある。老いは万人に共通だ。成功や栄光と無縁だった人にも、必ず、若き日々はあった。いかに老いるか。いかに若き日の思い出と共に歩むかは、万人に共通の人生のリスクマネジメントと言えるのではないか。

ルルーシュ監督は、『男と女』の栄光にとらわれるかのように、アメリカにおけるリメイク『続・男と女』（一九七七）や『男と女Ⅱ』（一九八六）を発表していく。「二〇年後」の謳い文句で発表した『男と女Ⅱ』の原題は「あれからもう二〇年（20ans déjà）」だった。しかし、この作品は、主人公たちの二〇年後を描いたものの、ルルーシュ監督自身認めるように、いろいろな要素を盛り込みすぎて、期待外れとなってしまった。ルルーシュ監督の『男と女』は大成功だったが、二〇年後に作った続編は凡庸だった、という評価が定着してしまった。若き日の栄光との向かい合い方の難しさは、スポーツ選手や芸術家によくあるリスクだろう。

しかし、ルルーシュ監督は、奇跡を起こした。栄光の第一作から五三年後に同じ俳優を起用して新たに『男と女　人生最良の日々』を発表したのだ。ルルーシュ監督は、一九八六年の『男と女Ⅱ』の失敗にしっかりと学んだ。今度は、いろいろ詰め込まずに、ジャン＝ルイとアンヌの二人の関係に集中した。栄光の作品から半世紀後の二人の姿にしっかりと焦点を当てた。『男と女Ⅱ』から数えても三三年が経過している。

第一作から数えると、五〇年以上の時間を経て、同じ俳優たちが同じ役を演じ、同じスタッフが製作するというのは、まさに奇跡だ。人は老いて過去の大きな栄光との向かい合い方に失敗してしまうことが多い。そんな中、ルルーシュ監督も、主演の二人も、二人が演じたジャン＝ルイとアンヌも、見事な「後日談」を産み出した。

『男と女　人生最良の日々』（二〇一九）のリスクテーキング

この映画は、ジャン＝ルイの息子アントワーヌが、探し当てたアンヌを訪問するところから始まる。施設に入り、認知症を患う父が、うわごとのように、アンヌの思い出を語るというのだ。アントワーヌは、アンヌにジャン＝ルイに会ってくれるようにお願いする。「もう一度、父に会って欲しい」と。その場には、アンヌの娘のフランソワーズもいた。五三年前の『男と女』では、子役だった二人が、半世紀を経て同じアントワーヌとフランソワーズの役を演じている。

リスクをとる決断によって、物語は人々の運命を好転させる。アントワーヌにとっては、アンヌを探し当て、思い切って会いに行った決断。アンヌにとっては、アントワーヌの願いを受け入れて、第一作の物語から五三年、第二作の物語から三三年ぶりに、ジャン＝ルイに会う決断。リスクをとる二つの決断によって、再会が実現する。

施設にいるジャン＝ルイは、記憶を失いかけている。アンヌが目の前に現れても、それが、長年追い求めてきたアンヌだと認識できない。第一作で描かれた時代の後、愛し合った二人も別れてしまったことがアンヌの思い出話からわかる。ジャン＝ルイは、半世紀前のアンヌの電話番号「モンマルトル１５４０」をはっきり覚えている。でも、譫言のように、「昔、あなたに似た女性と付き合っていたんだ。髪をかきあげる仕草が素敵だった」「彼女のことは、まるで昨日のことのように思い出せるよ」と言う。ところが、目の前にいるのがその女性本人であることが認識できないのだ。

映画は、第一作目の名場面、若かりし頃の二人の姿を織り交ぜながら、現在の二人がシトロエンの2CVに乗って思い出の地ドーヴィルにドライブする姿を描く。アンヌはかつて二人がひとときを過ごしたホテル・ノルマンディーの二六号室に車椅子を押してジャン＝ルイを連れていく。

アンヌは、半世紀を経ても、自分がどれほどジャン＝ルイに愛され続けてきたのかを実感する。ジャン＝ルイは、自分がずっと愛し続けてきた女性とよく似た女性とドライブをする。（実際はそれが本人であることはわからないが）なんと幸福なことだろう。

さらに本作はもう一つの幸福を描く。第一作では、アンヌの小さな娘とジャン＝ルイの小さな息子だった二人が、五三年後の本作で、母と父の再会を契機に、関係を深める様子が示唆されるのだ。これを当時子役だった二人が、半世紀を経て演じている。

加えて、かつてアンヌと別れた後、ジャン＝ルイがイタリア人女性との間に設けた娘エレナが施設に会いに来る場面がある。演じるのはイタリアの名優モニカ・ベルッチだ。この父と娘が面会する場面は本作に温かいアクセントを与えている。人生の時の流れを肯定的に受けとめ、幸福感と共に描いている。*

＊『男と女　人生最良の日々』パンフレット、株式会社ツイン、二〇二〇年。

『男と女』(1966) のラストシーンでドーヴィルからパリまで車を飛ばしたジャン＝ルイがアンヌに会うために駆け上がるサンラザール駅の階段(2021年10月，亀井克之撮影)

『ランデヴー』との融合

『男と女　人生最良の日々』では、最後の方で、ルルーシュ監督が一九七六年に発表した『ランデヴー』という九分の短編作品の場面を用いている。

この短編映画は、早朝、赤いフェラーリがパリの街を爆走する姿をひたすら写し出す。シャンゼリゼからコンコルド広場、オペラ座を爆音と共に駆ける車は、モンマルトルの丘を駆け上がっていく。サクレクール寺院の前に車は停まる。パリを一望できる見晴らしのよい場所だ。

すると女性が駆け寄ってくる。車を降りたドライバーは駆け寄った女性と抱擁を交わす。この作品も『男と女』をモチーフにした作品だ。モンマルトルに住むアンヌに会いにジャン＝ルイが車を飛ばす状況を示唆している。

この傑作短編が『男と女　人生最良の日々』と見事に融合している。『ランデヴー』は、インターネットで「ルルーシュ（Lelouch）」「ランデヴー（Rendez-vous）」と検索すると探し出せるので、鑑賞していただきたい。ジレンマを打ち破って恋人に会うために車を飛ばす。『男と女』のエッセンスは、わずか九分の短編映画で体感できる。

Exercises

あなたの人生におけるジレンマは何か？

あなたがクロード・ルルーシュ監督なら若き日の栄光作『男と女』の五〇年後のバージョンを製作するか？　するとすればどういう作品にするか？

（亀井克之）

コラム⑩ 彼女の名はマリアンヌ――フランスの女神は女優とともに

フランス語には、ちょっとややこしいのだが、名詞に男性形と女性形が存在する。フランス語を習い始めの頃に手こずるのが、ある名詞が男性名詞なのか女性名詞なのか、なかなか判断がつかないところだ。これはもうしっかり覚えてしまうしかないのだが、でもやはり、錆びついてしまったりすると、これは男性名詞だったっけ、女性名詞だったっけと、頭のなかで悩みまくることになる……。

さて、ではフランスという国家はどちらだろう？ 正解は女性名詞。定冠詞（これもフランス語学習者にとっては悩みの種なのだが）「La」をつけて「ラ・フランス La France」と呼ばれる（けっして梨の品種名ではないので要注意。より正確には、フランス共和国＝ラ・レピュブリック・フランセーズ La République française となる）。つまり、フランスという国は女性によって表象され、そのモデルとなっているのが、「マリアンヌ Marianne」と呼ばれる架空の女性なのだ。

このマリアンヌ、自由の女神というふうに考えてもらえればもっとも分かりやすいかもしれない。古くは、ウジェーヌ・ドラクロワの『民衆を導く自由の女神』（一八三〇）として描かれており、フランス共和国はこのマリアンヌに導かれる国でもある。

ところで、彼女マリアンヌの誕生はいつのことなのか？ その名は、フランス革命直後にまで遡る一七九二年、南部で歌われたシャンソンに登場する女性の名から採られたと言われている。その後、ナポレオンによる帝政時代、さらに王政復古の時代を過ぎてフランス第二共和制時代（一八四八～一八五二）、マリアンヌという女性像がフランス共和国の象徴として認識されるようになっていったようだ。

フランス共和国の象徴であるがゆえ、さまざまなところにマリアンヌ像は見いだされる。たとえば、前述のドラクロワによる『民衆を導く自由の女神』はもちろんのこと、パリのナシオン広場にあるマリアンヌ庭園にはジュール・ダルーの作による『共和国の勝利像』（一八七九）が設置されており、さらにフランスの旧い硬貨にもマリアンヌの横顔を刻印したものがいくつか存在する。つまり、それほどまでフランス人にとってはなじみ深い女性なわけである。

では、誰がこのマリアンヌ像のモデルとなっているのだろうか？　ジャンヌ・ダルクのように特定の女性ではないマリアンヌは、フランス女性のイメージを統合するものでもある。そこで白羽の矢が立ったのが、その時代を代表する女優たちだった。

現在までにマリアンヌ像のモデルとなった女優を以下にざっと挙げてみよう――ブリジット・バルドー（一九七〇）、ミシェル・モルガン（一九七二）、ミレーユ・マチュー（一九七八）、カトリーヌ・ドヌーヴ（一九八五）、レティシア・カスタ（二〇〇〇）、ソフィー・マルソー（二〇一二）等々。

このほか、モード界の有名モデルや歌手をモデルとした像も存在するが、より親しみのある映画女優がフランス国家の文字どおりの顔となってきたのだった。さて、みなさんにとってはどの女優がフランス共和国の象徴としてふさわしいだろうか？

（杉原賢彦）

セザール賞主演女優賞を５回受賞した
イザベル・アジャーニ

第

11

章

コーディネーション

Coordination

あなたが映画プロデューサーなら、
健康に不安の残る大女優と契約するか？
あなたが監督なら、わがままな俳優たちにどう対応するか？

『映画に愛をこめて　アメリカの夜』（*La Nuit américaine*）
監督　フランソワ・トリュフォー（François Truffaut）
出演　フランソワ・トリュフォー（フェラン監督）
　　　ジャクリーン・ビセット（ジュリー）
　　　ジャン＝ピエール・レオ（アルフォンス）
　　　ナタリー・バイ（ジョエル）
1973年　フランス　116分

1974年アカデミー賞外国語映画賞
フランス封切り1973年５月
フランス国内観客動員数83万8216人
パリ観客動員数32万5844人
（*Ciné-Passions Le guide chiffré du cinéma en France*, 2012, Dixit）

危機また危機、映画の現場は、だから楽しい！——作品解説

「モトゥール、アクション！」、現場に響き渡る監督の声、それをきっかけにして、現実とは異なる、もうひとつの物語が始まる——。

映画の撮影現場を覗かれたことはあるだろうか？　もし、あなたがパリにいたなら、ふと撮影現場に出くわすことがあるかもしれないし、もしかしたら、それと気づかずに出会っていることがあるかもしれない。パリと映画は切っても切れない関係にある。というのも、映画はパリで産声を上げ、パリこそ世界最大の映画都市であるからだ。

いましも映画が生まれようとしているなか、監督のかけ声が響きわたる。人が動き始める。セットに組まれたパリの街角に人が行き交い、ある人は通りを横切り、その傍らを車が通り過ぎてゆく。やがて、ひとりの人物がとらえられる。彼は通りで対面するもうひとりの男に、いきなり平手打ちを食らわせる。「クペ！（カット）」、監督の声がかかり、シーンが緩む……。

そこは広大な場所に造られたオープン・セット、たくさんの人が一斉にそれぞれの持ち場から出てきて、拡声器をもった男のまわりに集まって来る。遠く、クレーンの上から、監督と先ほどの俳優たちを写すカメラ。この現場をニュース映像のため伝えるアナウンサーの声が語り出す——「こんにちは、こちらはニースにあるヴィクトリーヌ撮影所からです。今日は撮影の初日です」。

この映画『映画に愛をこめて　アメリカの夜』は、映画ファンにとっては忘れがたい作品だ。ある映画の撮影の初日から、それが完成されるまでの日々を、劇中劇として差し出す作品だからだ。映画がクランクインし、クランクアップの日を迎えるまで、撮影現場で巻き起こるさまざまな出来事、人間模様、そして映画への想い……それらが渾然一体となって、忘れることのできない貴重な一瞬一瞬を生み出す。そう、この映画は、それ自体が映画へのラヴレターなのだ。

監督は（本作の、そして劇中劇でも）フランソワ・トリュフォー。ヌーヴェル・ヴァーグの時代の先陣を切って『大人は判ってくれない』（一九五九）で華々しくデビューし、その後に続く、アントワーヌ・ドワネルもの（『大人は判ってくれない』の主人公でもある）によって、ひとりの少年が成長してゆくさまを、映画を通して描いていった。それは、彼自身の分身の成長記でもあり、映画は、彼にとって、もうひとつの人生でもあった。だからこそ、本作は、彼自身の人生の反映であり、同時に映画の撮影現場に託された人生の機微そのものが主題ともなっている。

そして撮影は続く、同じシーンが繰り返して演じられ、テイクが続く。最高のシーンを探して。だが、人の人生と同じで、けっしてすんなりとは行ってくれないのも映画なのだ。

撮影のためにさまざまな人たちが一堂に会し、それぞれの役割をこなし、なにかあれば監督のもとを訪ねる。彼に疑問や難題、提案などなどをもたらすために。映画監督の役目というのは、演出家である以上に、交通整理役だと語った監督がいたが、この映画を見ていると、まさにその通りと思える。それだけ、撮影現場にはさまざまな問題が持ち上がり、そのたびごとに監督へ、その次第が告げられることになる。いましも、主演女優をどうするか、監督とキャスティング係が話し合いを持つが、美人だが精神的に不安定なところのある女優だということで、賭けになるかもしれないという予感が伝わってくる。しかも、プロデューサーは、アメリカの大口出資会社が撮影を七週間で終えるよう言ってきていると監督に告げる。七週間？　そう、長編映画一本を撮るのに許された期限、通常なら数カ月はかけてしかるべきなのに。しかも、主演女優はこれから撮影に参加するのだ。さらに難題がもち上がり、撮影初日のモブシーン（大勢の人が集まって撮影される群衆シーン）が、フィルム現像時の問題で、撮り直しせざるを得ないことになってしまう……。

映画撮影とは、危機また危機のアクション映画にも勝るとも劣らぬ連続して到来する危機をどう乗り越え、どうかい潜って撮影終了日を迎えるか、一日一日が危険と隣り合わせの日々でもある。

本作の最大の見どころは、もちろん、映画撮影にかかわる舞台裏ではあるのだが、それ以上に舞台表・裏での人間模様にもご注意いただきたい。映画で共演したことをきっかけに、あるいは監督と主演女優という関係からも同じくらい、恋愛事件が発生してはマスメディアに格好のネタを提供しても、その後、一瞬の夢と化すかも知れない物語。本作もその例外ではない。若き主演者のひとりアルフォンスは、スクリプト・ガール見習いと熱い仲だったが、彼女は撮影が進むうちにほかの男のもとへ。もうひとりの主演者アレキサンドルは、映画の物語そのままに、若きヒロイン、ジュリーと恋に落ちてしまったかのよう。そして、監督のフェランさえも恋に悩める素振り……。

だからこそ、映画の興味は尽きないのかもしれない。そこには、人生そのものが、二重にも三重にも詰まっているのだから。たとえ、それが撮影現場だけの、一瞬の儚いものであろうとも。その一瞬一瞬はなににも代えがたい本物なのだ。これらすべてを愛すること、偽物と知りつつもこれらすべてを慈しむこと、映画に求められているのは、この単純な事実だということ。

ところで、この映画からは、さまざまな才能が巣立っていった。スクリプト・ガールとして次第に監督に寄り添うようになってゆくジョエル役のナタリー・バイは、この映画で見いだされ、さらにトリュフォー作品『緑色の部屋』（一九七八）で開花する。そして誰より、その演技を注目されたのが、監督のトリュフォー自身だった。この映画を見たスティーヴン・スピルバーグは、『未知との遭遇』（一九七七）の主役である科学者役に抜擢する（ちなみに本作は、スピルバーグ監督にとってのオールタイム・ベスト・テンに入っている）。映画は、現実を超えて新たにする権能をすら秘めているのだ。

フランソワ・トリュフォー監督『映画に愛をこめて　アメリカの夜』（1973年）

そのほか、本作には、映画史におけるさまざまな逸話がぎっしり詰まっており、それらをたどってゆくだけでも一興かもしれない。たとえば、冒頭に出てくる献辞は、アメリカの映画史においてもっとも重要な映画姉妹リリアンとドロシーのギッシュ姉妹に捧げられたもの。ふたりの共演作としては『嵐の中の孤児』（一九二一）がつとに有名だが、掲げられているのは、一九一二年の短編作品『見えざる敵』の一場面。また、精神的危機状態に陥った主演女優のジュリーが、自室に閉じこもってしまうのはバックステージものではままあることながら、彼女が欲しいとだだをこねる「ブール・アン・モット」は、新鮮なつくりたてのバターの塊のこと。かつて、ある女優が現場でだだをこねたときのセリフをそのまま借用したものと言われる。言うことを聞いてくれない猫をめぐるかわいらしい挿話も、実際にトリュフォーのほかの映画の現場で起こったことがもとになっているという。そのほか、映画にまつわるさまざまな伝説や神話、さらにはこまごまとしたエピソードが土台となって、この映画を構成してゆく。

最後に、この映画のタイトルについても触れておこう。邦題の「アメリカの夜」は、フランス語の原題「La Nuit américaine」をそのまま直訳したもの。ところがこの言葉、映画の世界では特別な意味を持つ。英語題が「Day for Night」となっているのだが、映画用語では、夜のシーンを昼間に撮影することを意味する。夜に撮影を行うということは、照明代が余分にかかるほか、クルーや俳優たちにも夜間手当を出さなくてはならない。当然、昼間の撮影に比べて制約も多くなる。その代わりに、カメラのレンズにフィルターを被せ、昼間ながら月夜のように撮影する技法がハリウッドで開発された。英語ではこれを「デイ・フォー・ナイト」と呼ぶのだが、フランス語ではそのまま直訳（le jour pour la nuit）とはならず、「アメリカ（映画）の夜」と呼び習わしたのだった。劇中、「映画の人たちはみんな大嘘つき！」とひとりの女性が叫ぶシーンがあるが、映画とはいかにうまく嘘をつくかが求められている仕事なのだ。「アメリカの夜」は、まさにその象徴でもある。映画に携わる者、すべからく、真摯に大まじめに、嘘をつく仕事に、嬉々として向き合っているわけでもあるのだ。だが、嘘をつかねばならないからこそ、そこに危険はつきものなのかもしれない。

（杉原賢彦）

『映画に愛をこめて　アメリカの夜』に学ぶ

コーディネーション

本書の最後の章を飾るフランソワ・トリュフォー監督『アメリカの夜』（一九七三）は映画製作を描く。映画製作はリスクの宝庫だ。本作では、映画撮影の現場における実に様々な苦労と対処が描かれている。映画監督は、映画を完成するという目的に導くリーダーとしての役割と共に、次から次へと発生するリスクへの対応のために調整をするというリスクマネジャーの役割を担っている。それだけに、『アメリカの夜』で、多くの困難を乗り越えて撮影が終了するラストシーンは感動的だ。

映画監督は、リスクマネジメントの三つのCを担う。まずどのようにリスクに対応するかの手段の選択（Choice）の決断である。次に、どのようにリスクに対応するのかについてのコミュニケーション（Communication）だ。そして、コーディネーション（Coordination）だ。

ISO31000はリスクマネジメントを「リスクに関して組織を指揮統制する調整された活動」と定義した。組織の中で、リスクをどのように理解し、どのように対応するかについて、組織体制を整え、各部門間の調整を図ることがリスクマネジメントの責任者に求められる。映画監督はまさしく映画製作のリスクマネジメントを遂行するにあたって調整を担う。本書の最後を飾る章では、コーディネーション（調整）に注目する。*

トリュフォー監督は、著書のなかで、映画の中のフェラン監督（自分自身が演じている）を次のように評している。

「撮影の正常な進行をかき乱す不慮の出来事の数々に悩まされながらも、じつはそれらすべてが、彼には有効な刺激剤となる。追いつめられ、きびしい制約から生まれる工夫が、しばしば、映画を豊かにするからである。」（フランソワ・トリュフォー『アメリカの夜』山田宏一訳、草思社、一九八八年、一九～二〇頁）

また、トリュフォー監督は、映画は「間に合わせの芸術」だとも評している。彼の言う間に合わせる行為とは調整にほかならない。

「映画は「間に合わせの芸術」とも言われる。予算がない、時間がない、あらゆる意味で余裕がないので、なんとか別の方法や代わりの（もしくは有り合わせの）もので「間に合わせ」なければならない。妊娠三か月の女優も腹部が目立たないように撮って「間に合わせ」なければならない。二週間の予定を五日間に切りつめてラスト・シーンを撮り上げ、とにかく「間に合わせ」なければならない（二八八頁）。

さらに、映画製作をリードし、リスク対応の調整をする難しさについて、フェラン監督のモノローグという形で次のように表現している。

「映画の撮影というのは、いわば西部劇の駅馬車の旅に似ている。美しい夢にあふれた旅を期待して出発するが、すぐ期待は失せ、目的地に到着できるかどうかさえ心配になってくる…」「映画監督とは何か。映画監督というのは、絶え間なく質問を浴びせられる存在だ。どんなことでも、みんな、監督に質問してくる。ときには答えることもある。だがいつでも答えられるわけではない」（五一頁）。

リスクの語源は、航海に関連する。映画監督は言わば船長のような存在である。

「撮影に入る前は、すばらしい映画ができるにちがいないという無限の希望にみちている。ところが、撮影に入ったとたんに難問が続出し、希望は次第に失せ、あとはただ映画が完成してくれさえすればいいと願うだけになる。撮影中盤に差し掛かると、わたしは自問自答し、自分を責めさいなむ。これでいいのか、もっと身を入れてやるべきではないのか。前半はもう取り返しがつかない。これから、後半で盛り返すのだ。スクリーンにうつしだされるものをすべて、よりいきいきとさせるように努力しなければならない」（一六五〜一六六頁）。

＊　本節では、フランソワ・トリュフォー『アメリカの夜』山田宏一訳、草思社（一九八八年）より引用する。引用における頁数は全て同書の頁数を示す。

コーディネーションを担うジョエル

『アメリカの夜』では、ナタリー・バイが演じる記録係（スクリプター）ジョエルが撮影現場で大切な役割を果たしている。ジョエルは現場のリスクマネジメントにおけるコーディネーション（調整）の役割を担っている。ジョエルのように、クッションとなる人材は必要だ。監督は思い入れがありすぎるし、役者もそこまでコミットしていない。バランス感覚の取れた人材は現場では必須となる。トリュフォー監督自身、ジョエルの人物像について次のように評している。

「誰も彼女の真似はできない。彼女は絶対に妥協せず、撮影のすべてに気を配り、段取りから映画の内容に至るまですべてをチェックし、スタッフ・キャストのほとんどの打ち明け話の相手となり、何が起こるかをいち早く予知するのである」「誰にもだまされないように気をひきしめ、とくに撮影現場で生まれる恋愛には気をつけなければならない。その冷静さ、明晰さが、人々をいらだたせずに、有効に作用しているのは、彼女の言動がきわめて慎み深く、的確で、むだがないからである」（二一〇～二一一頁）。

さらに、『アメリカの夜』では、記録係のジョエルに加えて、ヘアメイク・メーキャップ担当のオディルや、装飾・小道具担当のベルナールが重要な役割を担っている様子が描かれる。映画は、総合芸術と言われるように、どのパートも必要不可欠だ。ヘアメイクが大事なのは演出の一つだからだ。演出の意図を理解しているヘアメイクがいると、人物が登場する場面の質が向上する。

伝説のスクリプター――シルヴェット・ボドロ

さらにもう少し映画撮影現場のコーディネーション（調整）を担う記録係（スクリプター）に注目してみよう。この役職はフランス語ではスクリプトと呼ばれる。フランス映画界には、ジャック・タチの『ぼくの伯父さん』（一九五八）などの名作を皮切りに七〇年間のキャリアで一二〇本の映画のスクリプターを務めたシルヴェット・ボドロ氏がいる。彼女はアラン・レネ監督の長編第一作『二十四《ヒロシ》時間の情事《マ・モナムール》』（一九五九）、『去年マリエンバートで』（一九六一）、『恋するシャンソン』（一九九七）など、同監督の作品一七本でスクリプターを担った。他の担当作品には、ロマン・ポランスキー監督作品一六本、コスタ＝ガヴラス監督作品六本などがある。

二〇二一年の一〇月から一二月にかけてパリに滞在した時、シネマテークで多くの映画を観た。その時いつも最前列で観ている白髪のマダムがいた。一一月一七日にアラン・レネ回顧特集で『二十四《ヒロシ》時間の情事《マ・モアムール》』が上映された。アンリ・ラングロワ・ホールがフランスの老若男女で満席になった。上映前に司会者が「この映画の撮影で広島に行かれたシルヴェット・ボドロさんも本日お越しです」と言って、いつものように最前列に座ったそのマダムを紹介した。いつも見かけるマダムがそんなにすごい方だと知り、とても驚いた。九〇歳を越えて元気でシネマテークに通っておられる。一九二八年生まれで、ポランスキー監督の近年の作品でもスクリプターを務めているから八〇歳を越えて現役として活躍してきたことになる。

アラン・レネ監督は『二十四時間の情事《ヒロシマ・モナムール》』の日本ロケに、フランスから女優のエマニュエル・リヴァとスクリプターのシルヴェット・ボドロを帯同した。広島滞在中にエマニュエル・リヴァが撮影した貴重な写真が後年パリで発見され写真集として出版された。その中に、シルヴェット・ボドロが広島で書いた詳細な記録や撮影した写真が再録された部分がある。そこにスクリプターの役割が説明されている。

「映画の魔法の影には、表に現れない仕事に携わる、必要不可欠な役者たちが潜んでいる。スクリプターは女性が担当することが多いが、その役割について知る人はシネフィルのあいだでも少ない。映画監督はスクリプターにシナリオを読んでもらい、スクリプターはその映画がどのくらいの長さになるかという重要な判断を下す。スクリプターは映画監督に付き添い、全スタッフの間に立って蝶番の役割をはたす。どんな些細な部分もチェックして、マッチングに注意を配り、辻褄の合わないところを指摘する。[*1]」

またシルヴェット・ボドロ氏はかつて講演会で次のように述べていた。

「撮影現場では、スクリプターはみんなの役に立つ存在だ。小道具係にはスープは温かいものか冷めたものかを指示し、衣装係にはボタンするのか外すのか指示し、ヘアメイクには髪を束ねるのか束ねないのか指示したりする。仕事の重要な部分は事前の準備だ。まずシナリオを受け取る。そして時間的にどれくらいの長さになるのかを計算する。そのために台詞を読むが、恋愛描写ではゆっくりと読み、怒っている場面なら急いで読む。服を脱ぐ場面も、現代が舞台なら短い時間になるが、ルイ一四世の時代を描いた作品なら当時はいっぱい服を着ていたから長い時間になる」。「結論的にスクリプターは全部ノートしなければならないから、おしゃべりでない方がいい。悲観的ではいけないし、何があっても簡単にうろたえてはいけない。」[*2]

パリを去る日が近づいた一二月一七日、シネマテークで、コスタ＝ガヴラス監督『Z』（一九六八）上映後に、この時も最前列で観賞していたシルヴェット・ボドロ氏にスクリプターの真髄を聞いた。

「『アメリカの夜』でナタリー・バイがスクリプターを演じていた。彼女のようにスクリプターは撮影現場で監督を支え、現場のさまざまなリスクに対処するコーディネーションを担っていると思う。では、スクリプターによるコーディネーションの秘訣は何か？」

（シルヴェット・ボドロ）「現場における一つひとつの動きの調和を図ることだ。」（Accord d'un movement à l'autre）

撮影現場でスクリプターが担うコーディネーションは、様々な分野におけるリスクマネジメント担当者に要求される事項に相当しよう。

＊1　マリー＝クリスティーヌ・ドゥ・ナヴァセル「シルヴェット・ボドロ、類いまれなスクリプター」港千尋、マリー＝クリスティーヌ・ドゥ・ナヴァセル編、写真エマニュエル・リヴァ、関口涼翻訳『HIROSHIMA 1958』インスクリプト、二〇〇八年。

＊2　https://www.youtube.com/watch?v=r0nXQH8L_98

『アメリカの夜』のリスクテーキング

『アメリカの夜』が描くリスクをとる決断は、ジャクリーン・ビセット演じる英国の女優ジュリー・ベイカーを主役に起用したことだ。決断にはリスクが伴う。『アメリカの夜』では、二年前に神経衰弱のため倒れたことのある、ジュリー・ベイカーを起用することとなった。リスクをとらないと得られるものも得られない。フェラン監督もプロデューサーのベルトランも腹をくくる。

フェラン監督「悪いほうばかり見てたら何もできない。少しはいいほうを見て、チャンスに賭けてみなくては」「つねにチャンスに賭けるのが、わたしたちの仕事だからね」。

プロデューサーのベルトラン「そこだ。あぶない橋を渡らなきゃ何もできん」（二八八頁）。

ベルトラン「ジュリー・ベイカーのことだが、もちろんわたしもきみと同じようにすばらしい女優だと思っている。だから、きみの望みどおり、わたしたちは彼女を起用した。だが、彼女に途中でダウンされたら、おしまいだ」。

フェラン監督「途中でダウン？」。

ベルトラン「そうだ。保険会社の診察医の診断で、彼女の保険は拒否された。まだかなり神経が衰弱しているので、できたら映画の撮影も1か月ほど遅らせたほうがいいというのが診断報告だ」。

フェラン監督「（資金を出す）アメリカ側は何と言っている？」。

ベルトラン「さいわい、その点では、アメリカ人はフランス人よりも柔軟だ。われわれの意気に応じて、よし、やろうと言ってくれたよ。しかし、ジュリーが倒れたら、最後だ。われわれも共倒れだ」（七〇頁）。


ベルトランが言うように、リスクをとる決断、すなわち、戦略リスクや投機的リスクをとって何かに挑む場合、保険の対象にはならない。ジュリー・ベイカーを起用することに伴うリスクは自ら選んだのだ。偶発的な事象を対象とする保険では、戦略リスク、投機的リスク（自ら挑む）は免責となる。

ジュリー・ベイカーを主役に起用することは、フェランとベルトランが自ら選択して、自ら作ったリスクだからだ。

続発するリスクと危機

『アメリカの夜』では、全編で次から次へとトラブルが発生する。リスクマネジメントの学習には最適な教材だ。では、予防すべきリスク（防ぐ）、外襲的なリスク（守る）について見てみよう。

まず技術的リスク。オープンセットの広場のシーンが、フィルム現像中に停電になって、すべて駄目になる。このリスクへの対応として、エキストラをもう一度集めて撮り直しが決定する。保険の交渉も行われる。

物のリスクはいい。面倒なのは人のリスクだ。本作では、これでもかこれでもかと俳優に関わる様々なトラブルが描かれる。

まず、俳優の気まぐれリスクだ。往年の名女優でアルフォンスの母親を演じるセヴリーヌが、台詞が覚えられない。何度も何度も撮り直す。失敗する度にシャンパーニュを口にするが、ついにはしどろもどろになる。撮影は翌日に延期となる。プライドの高い人を相手にする難しさだ。

次に、身体上のリスク。父親の秘書を演じるステイシーがどうしてもフェラン監督の言うことをきかない。監督は、バカンス先のプールで泳ぐシーンを付け加えたいのだが、ステイシーは脚本にないと言って、頑として水着になるのを拒絶する。「調整」役をジョエルが買って出て、やっとステイシーが水着で泳ぐシーンが撮影できる。ジョエルはステイシーが水着を嫌がった理由に気づく。妊娠三カ月だったのだ。なんとかわからないようには撮影できた。しかし、ステイシーが出る次の場面の撮影は一月半後なので、その時はごまかせない。実力派女優ゆえ、彼女との契約を修整することもできない。契約した時に確認のしようもない。結局、ここでも調整が必要となる。

最も厄介なのが、俳優やスタッフ間の恋愛に関わるリスクだ。頻繁にあることとは言え、撮影期間中の役者同士の恋愛は、映画製作にとって自殺行為だ。アルフォンスはスクリプト見習いのリリアーヌと付き合っているが、彼は嫉妬深く、しょっちゅう言い争いをしている。演技に悪影響を及ぼさないはずがない。アルフォンスに愛想を尽かしたリリアーヌは、ついにはイギリス人のスタントマンと一緒に撮影所を出ていく。アルフォンスは大ショックを受ける。この時、ジュリーが彼を慰める。

人に関わるリスクで最大のものは当然ながら死亡のリスクだ。後半で、父親役のアレキサンドルが交通事故で急死する。この危機への対応として、アレキサンドルが登場する場面は大幅に変更せざるを得なくなる。仮想パーティの場面はすべてカットされ、ラストシーンは代役が後ろから撃たれることになった。広場全体には雪が積もっている状態に変更された。フェラン監督にとってはまさに悪夢だった。

「撮影中に俳優が死んだりしたらどうしよう、とわたしはいつもおそれていた。その最もおそれていたことがついに起こってしまったのである」(二四六頁)。

さらに動物のリスクまである。下げた朝食のトレーに残ったミルクを猫がなめるシーンを撮影しようとするが、うまくいかない。最後は、守衛の猫を借りて、この「代役」で見事、撮影に成功する。動物リスクへの対応は「調整」名人のジョエルが小道具係のベルナールに言う通りだった。

「だから、猫は二匹用意しといたほうが安全だって言ったでしょ」

ステイシーによる危機対応

意外な人物が危機管理に能力を発揮する。アルフォンスがロンドンにいるジュリーの夫に電話して、「彼女と離婚してください」と告げる。アルフォンスの愚行にジュリーが大ショックを受けて、部屋に閉じこもってしまった。「調整」に長けたジョエルが説得しても無理だ。この時、すっかりお腹が大きくなったステイシーが現れる。ジュリーは、ステイシーには心を開く。部屋の扉を開けて、彼女は部屋に通す。やがて、ロンドンからジュリーの夫、ネルソン医師がニースの撮影所に駆けつける。ステイシーが呼んだのだ。ジュリーとネルソン医師は話し合い、問題は解決する。アルフォンスもジュリーも大人だ。何事もなかったかのように、二人が共演する最後のシーンが撮り終えられる。

映画製作における保険

『アメリカの夜』では映画製作に関わる保険の話が出てくる。冒頭のシーンが撮り直しになった場面と、ラスト近くで父親役のアレキサンドルが急死する場面だ。

ベルトラン「フィルムの現像中に停電になって、オープンセットの広場のシーンが全部使えなくなった。エキストラをもう一度集めて、撮り直しだ」。

フェラン監督「保険は?」。

ベルトラン「交渉してみる。なんとかなるだろう」(六二〜六三頁)。

父親役のアレキサンドル交通事故死の報に接した後のフェラン監督のモノローグでは次のように語られる。

「撮影の再開はイギリスの保険会社の代表の到着を待ってからである。映画の運命は彼の手にかかっているのだ」(二四六頁)。

フランスの保険会社の代表ベルナール氏「(イギリスの保険会社の代表)ジョンソン氏はこう言っておられます。イギリスの保険会社の結論は、アレキサンドルの代わりに別の俳優を使って撮り直しをすることなどもってのほかとのこと。解決法はただ一つ、話を簡潔にして、予定どおり五日間で残りのシーンをすべて撮り上げて映画を完成させていただきたい。その場合にのみ、保険会社は全額負担するとのことです」(二四九〜二五〇頁)

撮影中のフェラン監督（右から２人目）とスクリプターのジョエル（右端）
(“La nuit américaine” photographie de plateau de Pierre Zucca © Sylvie Quesemand-Zucca, coll. La Cinémathèque française)

そしてクランクアップ

さまざまな苦労を乗り越えて撮影が完了。その感動が『アメリカの夜』のラストシーンで描かれる。映画監督の喜びは、想像していた場面が、目の前のモニターで確認できる時だ。映画を作る過程で自分の考え、人生を見直す経過も味わってきた。現場では、スタッフとキャストと共に、クランクアップという同じ目的に向かって進んできた。同じ時間を共有する仲間意識という得難い経験だ。トリュフォー監督は次のように述べている。

「映画の仕事は言葉では言いつくせないくらいすばらしいものであり、その証拠に、いったんこの仕事に手を染めた人は、もう誰ももうほかのことをやりたがらない」（二一頁）。

「映画」は人生の縮図と言える芸術だ。同時に人生におけるリスクマネジメントや危機管理の縮図でもある。社会的な背景も反映される。リスクは、映画に限らず。人生においても、仕事でも趣味でも家庭でも必ず存在する。リスクゼロは理想だがあり得ない。いかに防ぎ、いかに守り、いかに挑むのか決断しなければならない。そのためには事前にいろいろな角度で俯瞰的にリスクを特定し、想定する必要がある。その時、経験に裏打ちされたリスク感性が力になる。それでもリスクをゼロにすることはできない。困難に直面した時に対応策を決断する力、対応策を実行できるチーム体制を構築し調整する力が発揮されねばならない。フランソワ・トリュフォー監督自身が映画監督を演じる『アメリカの夜』は、半世紀を経た今もこうした本質を私たちに伝えてくれる。

Exercises

- リスクマネジメントの組織体制を構築するには、リーダーと現場の間でどのようなコーディネーション（調整）が必要か？
- あなたがプロデューサーのベルトランなら、フェラン監督の指名とはいえ、健康に不安の残る大女優ジュリー・ベイカーと契約できるか？
- あなたがジュリー・ベイカーなら、失恋でふさぎ込む共演者アルフォンスにどのように声をかけるか？
- あなたがフェラン監督なら、主演女優ジュリー・ベイカーが夫婦関係で落ち込んで撮影現場にやってこなかったら、どう対処するか？

あなたが記録係（スクリプター）のジョエルなら、フェラン監督を支えて、どのように撮影現場のコーディネーション（調整）をするか？

（亀井克之）

コラム⑪　映画の格言と名言

フランス人の格言好き（？）は前述した通り。警句文学の伝統は、映画にまでおよぶ。そのなによりの、そして最大の証左が、エリック・ロメールの諸シリーズだろう。

一九六三年に始まる「六つの教訓話」シリーズと一九八一年からの「喜劇と格言」シリーズがよく知られるが、それぞれの作品の物語となる背景によく知られた格言や箴言が織り込まれ、登場人物たちの行動規範とそこからの逸脱によって、なるほど現実にも起こりそうなお話が語られてゆく。たとえば――。

シリーズの記念すべき第一作となる『モンソーのパン屋の女の子』（一九六三／短編）では、街角ですれ違う瀟洒な女性シルヴィーと、ブーランジェリーで働くウブな感じの女の子とのふたりを、同じ日にデートに誘ってしまった青年の恋の顛末が語られる。恋い焦がれていたシルヴィーがふと姿を消してしまい、そこに現れたふたり目の女の子に心を動かされつつ、ふたたび唐突に目の前に現れたシルヴィー。問われるのは、主人公の「モラル」、つまり、どちらの女性を選ぶのか（おそらく、極端に言い換えれば幸福にできるのか）、心の思いがけない葛藤が問われる。

あるいは、「喜劇と格言」シリーズ中でも人気の高い『緑の光線』（一九八六）では、詩人アルチュール・ランボーの詩の一節「あぁ、時よ来い、心と心が夢中になる時よ」（「もっとも高い塔の歌」）が巻頭に引かれる。ヴァカンスを恋人もいないまま寂しく過ごすことになってしまったヒロインが、ヴァカンスの旅先で、最後の最後に出会った青年との恋……。

ロメールが示すのは、偶然と必然の戯れでもあるが、それらが積み重なって考察の対象となったときに生まれた慧眼の言葉が、映画のもうひとつの主人公ともなっているのだ。人物たちの振るまいから導き出されるものとして。

エリック・ロメールは、リセの文学の教師であったが、映画好きが高じて映画作家へと転身。ヌーヴェル・ヴァーグたちのなかでは年長組だったが、他の仲間たちに作家バルザックへの興味を植えつけた張本人としても知られる。ロメール自身、『六つの教訓話』は小説としても構想しており（翻訳もあり。『六つの本心の話』早川書房、一九九六年）、あるシチュエーションをもとにして六つの物語を紡ぎ出していった。

ところで、映画のおもしろいところは、映画にまつわる事物そのものが格言や教訓として流布することでもある。あるとき、フランスを代表する女優のひとりであるジャンヌ・モローから直接に聴いたのは、「映画は利用できるものはなんでも利用する」という言葉。これは、裏返せば、「そこにあるものしか利用できない」ということでもあるが、他の監督から同様の言葉は幾度となく聴かされた。

エリック・ロメール監督『緑の光線』

そして、そのジャンヌ・モロー自身がとある映画の撮影中にだだをこねて言った言葉「ブール・アン・モット（新鮮なつくりたてのバターの塊を指す）が欲しい！」は、トリュフォーの『映画に愛をこめて　アメリカの夜』にも引かれているが、「女優のわがまま」を示す言葉として定着してもいる。

映画は映像による芸術とはよく言われることだが、意外なほどに文学とも近縁の関係にあるのだ——。

（杉原賢彦）

フランス映画史年表

映画の草創期〜映画芸術の開花期	
1895年	ルイとオーギュストのリュミエール兄弟、シネマトグラフ発明。**リュミエール兄弟『水を撒かれた散水夫』（序章）**、同『ラ・シオタ駅への列車の到着』（コラム②）。9・21、ラ・シオタ、リュミエール家の別荘で上映会（コラム②）。12・28、パリ、キャプシーヌ通り一四番地のグラン・カフェ「インドの間」（現在、Hôtel Scribe Paris Opéra 内に再現）でリュミエール兄弟の作品が一般向けに上映。奇術興行師だったジョルジュ・メリエスもこの上映会に参加（序章）。
1899年	3・21、ラ・シオタのエデン劇場でリュミエール兄弟の作品の一般有料上映会。エデンは現存する世界最古の映画館に（コラム②）
1902年	ジョルジュ・メリエス『月世界旅行』（コラム⑧）
1908年	カミーユ・サン＝サーンス、『ギーズ公の暗殺』のために世界最初の映画音楽を作曲。
1911年	レオン・ザジィ原作による怪盗小説の映画化『ジゴマ』、世界中で大ヒットを記録。
1913年	ルイ・フイヤードによる怪盗シリーズ『ファントマ』が大ヒットに（コラム③）

1924年	ルネ・クレール『幕間』でアヴァンギャルド映画を開く。
1927年	アベル・ガンス、三面スクリーンを用いた『ナポレオン』で映画界に衝撃を与える。
1928年	ルイス・ブニュエルとサルバドール・ダリによる『アンダルシアの犬』が騒乱を呼ぶ。

フランス映画の黄金時代・詩的レアリスム

（ジュリアン・デュヴィヴィエ、ジャック・フェデール、マルセル・カルネ…）

1930年	ルネ・クレール『巴里の屋根の下』＝フランスにおけるトーキー映画の始まり。
1932年	ルネ・クレール『巴里祭』、ジャン・ルノワール『素晴しき放浪者』（第4章）
1934年	マルセル・パニョル『アンジェール』（第7章）、ジャン・ヴィゴ『アタラント号』（第6章）、ジャック・フェデール『外人部隊』
1936年	アンリ・ラングロワとジョルジュ・フランジュがシネマテーク・フランセーズ創設（コラム⑧）
1937年	ジャン・ルノワール『大いなる幻影』で第一次世界大戦下におけるフランス人とドイツ人の友情を描く（第4章）。ジュリアン・デュヴィヴィエ『望郷』
1938年	マルセル・カルネ『霧の波止場』『北ホテル』と詩的レアリスムの代表作を次々発表（コラム⑤）
1939年	ジャン・ルノワール『ゲームの規則』で戦争の予感を映画化（第4章）

ドイツによるフランス占領期（一九四〇～一九四四年）・戦後（一九四五年～）

1942年	マルセル・カルネ『悪魔が夜来る』でドイツの占領に一矢を報いる（第1章）。ヴェルコール、ドイツ占領下における抵抗文学『海の沈黙』を上梓、戦後の一九四七年、ジャン＝ピエール・メ

	ルヴィルが映画化。
1945年	**マルセル・カルネ『天井桟敷の人々』（第1章）**、ジャック・ベッケル『偽れる装い』（コラム⑧）
	名台詞作家のジャック・プレヴェール、処女詩集『ことばたち』を上梓。
1946年	ジャン・コクトー『美女と野獣』で日本の歌舞伎からの影響を押し出す。
1948年	アレクサンドル・アストリュック「カメラ＝万年筆」論を発表。カメラは、ペンによる書き言葉と同じくらい柔軟で繊細な書くための手段となる。ヌーヴェル・ヴァーグの思想的拠りどころに。
1949年	戦後最大のフレンチ・セックス・シンボル、ブリジット・バルドーが雑誌の表紙モデルとしてデビュー。
1950年	マックス・オフュルス『輪舞』
1953年	**アンリ＝ジョルジュ・クルーゾ『恐怖の報酬』（第2章）**・カンヌ映画祭グランプリに輝く。
	ジャック・タチ『ぼくの伯父さんの休暇』
1954年	**ジャン・ルノワール『フレンチ・カンカン』（第4章）**、ジャック・ベッケル『現金（げんなま）に手を出すな』（コラム④、第4章、コラム⑨）＝フレンチ・ギャング映画の流れ。
1955年	アラン・レネ『夜と霧』で初めて映画において強制収容所に言及する。
1956年	ロベール・ブレッソン『抵抗』で第二次大戦下のレジスタンス運動を描く。
	最初の日仏合作映画『忘れえぬ慕情』（主演は岸惠子）。
ヌーヴェル・ヴァーグ（トリュフォー、ゴダール、シャブロル、ロメール、リヴェット…）の台頭	
1958年	**ルイ・マル『死刑台のエレベーター』（第3章）**、同『恋人たち』（第3章）、フランソワ・ヴィリ

1959年	エ『河は呼んでいる』（第7章） フランソワ・トリュフォー『大人は判ってくれない』（第11章、コラム⑧）、クロード・シャブロル『美しきセルジュ』、同『いとこ同志』。 アラン・レネ、日仏合作による『二十四時間の情事（ヒロシマ・モナムール）』がフランスで大きな話題に（脚本はマルグリット・デュラス）。エリック・ロメール『獅子座』で真夏のパリを撮る（公開は一九六二年）。
1960年	ジャン＝リュック・ゴダール『勝手にしやがれ』（コラム⑨）、ジャック・ベッケル『穴』で元ギャングで作家のジョゼ・ジョヴァンニを招聘。
1961年	ジャック・ドゥミ『ローラ』
1962年	アニエス・ヴァルダ『5時から7時までのクレオ』（あとがき）
1963年	エリック・ロメール『モンソーのパン屋の女の子』（コラム⑪）
1964年	ジャック・ドゥミ『シェルブールの雨傘』（第4章）でフレンチ・ミュージカルを創始。
1965年	『パリところどころ』、ヌーヴェル・ヴァーグの終焉。
1966年	**クロード・ルルーシュ『男と女』（第10章）**・カンヌ映画祭グランプリ獲得。 ルネ・クレマン『パリは燃えているか』（第9章）。ジェラール・ウーリー『大進撃』＝フランスにおけるコメディ映画の人気、ルイ・ド・フュネス主演のシリーズの一つ、一七〇〇万人余の観客動員により、四二年間フランス映画史上最大のヒット作の座に（現在もフランス映画として第三位の座に）。
1967年	**ロベール・アンリコ『冒険者たち』（第5章）**、ジョゼ・ジョヴァンニ『生き残った者の掟』（第

	5章）ジャック・ドゥミ『ロシュフォールの恋人たち』
1968年	シネマテーク・フランセーズ館長アンリ・ラングロワ解任騒動（コラム⑧）パリ五月革命により、カンヌ映画祭も中止に。
	クロード・ルルーシュ『白い恋人たち』（第10章）
1969年	コスタ＝ガヴラス監督、イヴ・モンタン主演コンビ『Z』『告白』で社会派問題作を連打。
	マルセル・オフュルス『哀しみと憐れみ』で戦時下の対独協力者に迫る。
1970年	ジャン＝ピエール・メルヴィル『仁義』（コラム⑨）、ジャック・ドレー『ボルサリーノ』（コラム⑨）、エリック・ロメール『クレールの膝』（「六つの教訓話」シリーズ）
1971年	テレンス・ヤング『レッド・サン』でアラン・ドロン、三船敏郎、チャールズ・ブロンソン競演。
1972年	イタリアのベルナルド・ベルトルッチ『ラスト・タンゴ・イン・パリ』
1973年	**フランソワ・トリュフォー『映画に愛をこめて　アメリカの夜』（第11章）**。ジャン・ユスタシュ『ママと娼婦』
1974年	ジュスト・ジャカン『エマニエル夫人』がソフト・ポルノ・ブームを巻き起こす。
1975年	ジャン＝ポール・ラプノー『うず潮』（コラム⑨）
1976年	大島渚、日仏合作による『愛のコリーダ』を撮る。
1978年	フランソワ・トリュフォー『緑色の部屋』（第11章）
1979年	ジャン＝リュック・ゴダール『勝手に逃げろ／人生』で商業映画に復帰。
	ジャック・ドゥミ『ベルサイユのばら』
1980年	クロード・ピノトー『ラ・ブーム』でフランスのティーンネイジャー映画を開く（主演はソ

	フィー・マルソー）。
	映像新世代（ベネックス、ベッソン、カラックス）らのデビュー
1981年	ジャン＝ジャック・ベネックス『ディーバ』、クロード・ルルーシュ『愛と哀しみのボレロ』（第10章）
1982年	ジャン＝リュック・ゴダール『パッション』
1983年	レオス・カラックス『ボーイ・ミーツ・ガール』（第6章）、エリック・ロメール『海辺のポーリーヌ』（喜劇と格言シリーズ）、ジャン・ベッケル『殺意の夏』
1984年	リュック・ベッソン『サブウェイ』
1985年	クロード・ランズマン『ショア』でホロコースト下に生き延びたユダヤ人の真実に迫る。
1986年	レオス・カラックス『汚れた血』（第6章）、エリック・ロメール『緑の光線』（喜劇と格言シリーズ）（コラム⑪）、**クロード・ルルーシュ『男と女Ⅱ』（第10章）**
	日本でアート系ミニシアターがブームに。
1988年	マルセル・オフュルス『オテル・テルミニュス』、第二次大戦下のリヨンの屠殺人クラウス・バルビーに迫る。
	リュック・ベッソン『グラン・ブルー』
1990年	ジャン＝ポール・ラプノー、『シラノ・ド・ベルジュラック』で現在にロスタンのシラノをよみがえらせる（主演はジェラール・ドパルデュー）。
	リュック・ベッソン『ニキータ』、イヴ・ロベール『プロヴァンス物語』（『マルセルの夏』『マル

	セルのお城』)、ジャン＝リュック・ゴダール『ヌーヴェルヴァーグ』
1991年	**レオス・カラックス『ポンヌフの恋人』(第6章)**
1993年	クシシュトフ・キェシロフスキ『トリコロール三部作』(『青の愛』『白の愛』)、ジャン＝マリー・ポワレ『おかしなおかしな訪問者』、クロード・ベリ『ジェルミナル』 第一回フランス映画祭が横浜で開催(現在に至る)。
1994年	キェシロフスキ『トリコロール　赤の愛』、リュック・ベッソン『レオン』
1995年	**ジャン＝ポール・ラプノー『プロヴァンスの恋』(第7章)**、ジャン・ベッケル『エリザ』
1996年	『ペダル・ドゥース』大ヒット＝フレンチ・ゲイ・ミュージカルが大いに話題に。
1997年	ロベール・ゲディギャン『マルセイユの恋』、アラン・レネ『恋するシャンソン』(第9章)、トマ・ジル『原色パリ図鑑』
1998年	パトリス・ルコント『ハーフ・ア・チャンス』でアラン・ドロンとジャン＝ポール・ベルモンドが二八年ぶりに共演。 ジャン＝マリー・ポワレ『ビジター2』、フランシス・ヴェベール『奇人たちの晩餐会』(フレンチ・コメディ全開)、リュック・ベッソン総指揮『TAXi』シリーズ開始、ジャン＝リュック・ゴダール『映画史』完結。
1999年	クロード・ジディ『アステリクスとオベリクス』でフランスのBDの世界を荒唐無稽に再現。
2000年	アニエス・ジャウィ『ムッシュ・カステラの恋』
2001年	ジャン＝ピエール・ジュネ『アメリ』が世界的大ヒットに。
2002年	アラン・シャバ『アステリクスとオベリクス』第二弾『ミッション・クレオパトラ』、フランソ

	ワ・オゾン『8人の女たち』、ロマン・ポランスキー『戦場のピアニスト』
2004年	クリストフ・バラティエ『コーラス』、ジャン＝ピエール・ジュネ『ロング・エンゲージメント』、クリス・マルケル『笑う猫事件』
2005年	クリスチャン・カリオン『戦場のアリア』
2007年	オリヴィエ・ダアン『エディット・ピアフ～愛の讃歌』でフランス芸能伝記映画を開く。
2008年	ダニー・ブーン『ようこそシュティの国へ』(Bienvenu chez les ch'tis)＝コメディ、フランス映画史上最大のヒット作、フランス国内観客動員数二〇四八万人で歴代一位に（日本未公開）。ロバン・カンピヨ『パリ20区、僕たちのクラス』
2009年	ローラン・ティラール『プチ・ニコラ』、フランスの伝統的人気マンガが実写映画化。
2010年	オリヴィエ・アサヤス『カルロス』で伝説のテロリストに迫る。
2011年	**オリヴィエ・ナカシュ&エリック・トレダノ『最強のふたり』（第8章）**＝フランス国内観客動員数歴代二位。
2012年	ミシェル・アザナヴィシウス『アーティスト』（アカデミー作品賞をアメリカ以外の国の映画で初めて受賞）。フローラン・エミリオ・シリ『最後のマイ・ウェイ』
2013年	ギヨーム・ガリエンヌ、『不機嫌なママにメルシィ！』で自身の独り芝居を映画化。アブデラティフ・ケシシュ『アデル、ブルーは熱い色』
2014年	**フォルカー・シュレンドルフ監督『パリよ、永遠に』（第9章）**　フィリップ・ド・ショーヴロン『最高の花婿』、またしてもコメディの大ヒット。二〇一八年には続編、二〇二二年には続続編も。

2016年	グザヴィエ・ドラン『たかが世界の終わり』
2017年	ロバン・カンピヨ『BPM ビート・パー・ミニット』
2019年	**クロード・ルルーシュ『男と女　人生最良の日々』（第10章）**マティ・ジュオップ『アトランティックス』、移民二世から見たアフリカ。セリーヌ・シャマ『燃ゆる女の肖像』、ラジ・リ『レ・ミゼラブル』
2020年	ダニエル・アルビド『シンプルな情熱』、ヴァレリー・ルメルシエ『ヴォイス・オブ・ラブ』
2021年	アルチュール・アラリ『ONODA　一万夜を越えて』、ブリュノ・デュモン監督『France』
2022年	バルザック原作の『幻滅』（グザヴィエ・ジャノリ監督）、セザール賞で七冠を獲得。

（参考文献：中条省平『フランス映画史の誘惑』集英社新書、二〇〇三年、René Prédal, *Histoire du cinéma français Des origines à nos jours*, Nouveau Monde éditions.）

あとがき

映画を題材にして、危機管理やリスクマネジメントの本を書こうと思い立ったのは二〇二一年の春先だった。関西大学・社会安全学部「危機管理とリーダーシップ」と、同・総合情報学部「リスクマネジメント論」の講義で映画を使い出して、三年が経過していた。勇気を出して杉原賢彦さんに共同執筆をお願いしたところ、快諾して下さった。

「映画に学ぶ危機管理」をテーマにして企画はスタートした。当初、『タイタニック』『アポロ13』『タワーリング・インフェルノ』などのアメリカ映画を念頭にして検討を進めた。しかし、思い切ってフランス映画に焦点を絞ることにしようと決めた。本書で語ってきたように、フランス映画の伝統的な魅力は現実の人生を等身大に描く点にある。

夏休みに学生さん有志に大学のホールまで来てもらって、『冒険者たち』『ポンヌフの恋人』『アメリカの夜』を観てもらった。「フランス映画を見るのは初めてだった」「バッドエンドに驚いた」「説明的な場面が少ないので目が離せない」「進行が淡々としてゆっくり」「お洒落」「現実的」などの感想が寄せられた。同時に、「新鮮だった」「見たことがないジャンルを見れてよかった」「他のフランス映画も観たいと思った」という声も聞かれた。リスクをとってフランス映画に絞ることを決断したが、若者たちの意見に後押ししてもらったと思う。

作品の選定について議論を重ねた。しかし、「フランス映画なら、どうしてこの映画を選ばないのか」というお叱りの声があることと思う。何卒ご容赦いただきたい。執筆にあたっては、専門分野が異なる共著者の二人が、終始お互いを尊重して進めていった。

二〇二一年一〇月から一二月の三カ月間、私は、関西大学学術研究員としてパリに滞在する機会を得た。一三区シュバルレ通りに下宿した。アラン・ドロン主演『サムライ』（一九六七）などの名作で知られるジャン＝ピエール・メルヴィル監督のスタジオがあったジェネ通りに近い。このそばにアニェス・ヴァルダ監督『九時から五時のクレオ』（一九六二）で主人公クレオが最後に診察結果を聞くピティエ・サルペトリエール病院がある。

パリ滞在中、下宿から国立図書館の四つの棟がそびえ立つ広場を横切り、シモーヌ・ド・ボーヴォワール橋を渡って、ベルシー公園の一角にあるシネマテークに通った。図書室で自分の担当する箇所を書き上げた。シネマテークにはすっかりはまってしまった。一〇月キェシロフスキ監督特集、ジャン＝ポール・ゴルチエによるシネ・モード展、一一月アラン・レネ監督特集、ニコール・ガルシア監督特集、一二月イヴ・モンタン生誕百年特集など、四七本の映画を観た。シネマテークにあるイコンテックでは写真の権利獲得のための支援をしていただいた。貴重な写真や資料が保管されている様子を目の当たりにした。シネマテークでは本書執筆の上でとても貴重な時間を過ごすことができたと思う。コロナ禍の影響で、短い滞在期間だったが、現地の方々から様々な助言を頂いた。
次のような特色を持つ本書が読者の皆様に少しでもお役に立てれば幸いである。

・フランス映画をあまり見たことがない方に、知られざるフランス映画の魅力を伝える。
・フランス映画の愛好者の方には、語り尽くされてきた作品に、新たな視点を提供する。
・作品解説、コラム、巻末年表を通じて、フランス映画についての知識を整理する。
・危機管理やリスクマネジメントの基本的な考え方を学習するためのテキストとして活用する。
・危機管理やリスクマネジメントを実践する際の、新たな事例やヒントを提供する。
・各章の内容や、各章末の Exercises を通じて、決断力を鍛錬する。

【謝辞】
本書の編集については、ミネルヴァ書房の堀川健太郎氏と冨士一馬氏に大変お世話になった。笹川日仏財団からは、本書の出版にあたり、助成金をいただいた。また本書の一部の執筆は二〇二〇年度 関西大学学術研究員研究費によって行った。ご支援下さった全ての方々に心より御礼申し上げたい。

二〇二二年一月

亀井克之

Remerciements à Sandra Laupa, Martine Bourbonnais, Chihiro Kageura, Martine Jove, Eric Laveissière, Sonia Boussaguet, François Drouot, Bérangère Deschamps, Jean-Luc Bouvier, Yann Leroux, Laurence Pierre-de Geyer, Michel Cornille, Ali Zoubiri, Didier Chabaud, Julien Gacon et Olivier Torrès.

フランス映画に学ぶリスクマネジメント
――人生の岐路と決断――

2022年４月20日　初版第１刷発行　〈検印省略〉
2023年２月20日　初版第２刷発行

定価はカバーに
表示しています

著　者　亀　井　克　之
　　　　杉　原　賢　彦

発行者　杉　田　啓　三

印刷者　坂　本　喜　杏

発行所　株式会社　ミネルヴァ書房
607-8494　京都市山科区日ノ岡堤谷町１
電話代表　(075)581-5191
振替口座　01020-0-8076

冨山房インターナショナル・新生製本

ISBN 978-4-623-09402-8
Printed in Japan

《著者紹介》

亀井克之（かめい・かつゆき）

1962年　生まれ。
大阪外国語大学大学院修士課程フランス語学専攻修了。
フランス エクス・マルセイユ第三大学 DEA（経営学）。
大阪市立大学大学院 博士（商学）。

現　在　関西大学社会安全学部教授。
日本リスクマネジメント学会副理事長・事務局長。

主　著　『新版フランス企業の経営戦略とリスクマネジメント』法律文化社，2001年（渋沢・クローデル賞　ルイ・ヴィトン ジャパン特別賞）。
『新たなリスクと中小企業』（編著）関西大学出版部，2016年。
『決断力にみるリスクマネジメント』ミネルヴァ書房，2017年。

杉原賢彦（すぎはら・かつひこ）

1962年　生まれ。
慶應義塾大学大学院文学研究科フランス文学専攻修士課程中途退学。

現　在　目白大学メディア学部メディア学科准教授。日本ケベック学会理事。公益財団法人日仏会館にて「映像と講演」開催。京都国際インディーズ映画祭・顧問。

主　著　『シネレッスン３　ゴダールに気をつけろ！』（編著）フィルムアート社，1998年。
『アートを書く！ クリティカル文章術』（共著）フィルムアート社，2006年。
『アジア映画の森――新世紀の映画地図』（共著）作品社，2012年。

人名索引

あ 行

か 行

さ 行

た 行

な 行

は 行

ま　行

や　行

ら　行

事項索引

さ　行

た　行

な　行

は　行

ま　行

や　行

ら　行

わ 行

欧 文